21世纪高职高专建筑设计专业技能型规划教材

主　编　张　峰

北京大学出版社
PEKING UNIVERSITY PRESS

内 容 简 介

本书反映了建筑表现当前的时代特征,结合大量真实案例图片,以手绘建筑表现的应用性为主导,系统阐述了建筑表现的主要原理和方法;并重点介绍了手绘快速表现的知识与技能。主要内容包括:概述、建筑透视基础、建筑配景、建筑表现技法要素、钢笔表现技法、马克笔与彩色铅笔表现技法和建筑快速表现画赏析等内容。

本书既可以作为高职高专建筑设计技术、建筑装饰工程技术、环境艺术设计、室内设计技术、艺术设计、城镇规划专业以及其他相关专业的教材和指导书;也可作为本科院校、成人高校相关专业的教材和参考书;也可作为建筑设计、室内设计等相关专业从业人员的学习资料。

图书在版编目(CIP)数据

建筑表现技法/张峰主编. —北京:北京大学出版社,2011.7
(21世纪高职高专建筑设计专业技能型规划教材)
ISBN 978-7-301-19216-0

Ⅰ.①建… Ⅱ.①张… Ⅲ.①建筑艺术—绘画技法—高等职业教育—教材 Ⅳ.①TU204

中国版本图书馆 CIP 数据核字(2011)第 133233 号

书　　　　名:	建筑表现技法
著作责任者:	张　峰　主编
策划编辑:	赖　青　王红樱
责任编辑:	王红樱
标准书号:	ISBN 978-7-301-19216-0/TU·0162
出 版 者:	北京大学出版社
地　　　址:	北京市海淀区成府路 205 号　100871
网　　　址:	http://www.pup.cn　　http://www.pup6.com
电　　　话:	邮购部 010-62752015　发行部 010-62750672　编辑部 010-62750667
电子邮箱:	编辑部 pup6@pup.cn　总编室 zpup@pup.cn
印 刷 者:	北京虎彩文化传播有限公司
发 行 者:	北京大学出版社
经 销 者:	新华书店
	787mm×1092mm　16 开本　8.75 印张　200 千字
	2011 年 7 月第 1 版　2024 年 8 月第 6 次印刷
定　　价:	49.00 元

未经许可,不得以任何方式复制或抄袭本书之部分或全部内容。
版权所有,侵权必究　　举报电话:010-62752024
　　　　　　　　　　　电子邮箱:fd@pup.cn

前 言

本书为 21 世纪高职高专建筑设计专业技能型规划教材之一。为了适应职业教育发展的需要，培养具备创意、设计、施工、管理等能力的设计行业技术人才，我们结合当前建筑表现的时代特征和未来发展的前沿问题编写了本书。

本书内容共分 7 章，主要包括概述、建筑透视基础、建筑配景、建筑表现技法要素、钢笔表现技法、马克笔与彩色铅笔表现技法和建筑快速表现画赏析等内容。此外为便于学生学习，专门配备了建筑表现画范例，以帮助学生临摹作业提供资料。

本书突破了已有相关教材纯理论或纯图片的知识框架，剔除与当前建筑表现数码时代特征不相符的内容，注重理论与实践运用性相结合，采用全新体例结构进行编写。本书范画均为编写者多年精心准备的作品，注重图片的原创性，内容精练，图文并茂，并附有多种类型的习题供学生选用。

本书内容可按照 60~80 学时安排，第 1 章 2~4 学时；第 2 章 4~6 学时；第 3 章 10~18 学时；第 4 章 10~18 学时；第 5 章 16~24 学时；第 6 章 18~26 学时。教师可根据不同的专业灵活安排学时，课堂重点讲解每章主要知识模块，辅导学生训练，点评学生作业，章节中的引例和习题等模块可安排学生课后阅读和练习。

本书组织湖北城市建设职业技术学院和华中师范大学传媒学院教师参与编写，由湖北大学艺术学院张峰任主编，并负责全书的通稿。具体编写分工为：张峰编写第 1 章、第 3 章、第 4 章中的 4.1、第 5 章、第 7 章；汪帆编写第 4 章中的 4.2、第 6 章；邱扬和徐银芳编写第 2 章；徐银芳编写第 4 章中的 4.3。本书编写过程中，得到了多方人士的关心和支持，在此表示衷心的感谢！

由于学术水平有限，本书难免有很多不足之处，恳请有关专家和广大读者提出宝贵的意见和建议，以求本书更加完善。

编　者
2011 年 7 月

目 录

第1章　概述 ·················· 1
　1.1　建筑表现的内涵及特性 ········ 2
　1.2　建筑表现的类型 ············ 3
　1.3　建筑表现知识基础与训练方法 ··· 6
　本章小结 ···················· 7
　习题 ······················ 8

第2章　建筑透视基础 ············ 9
　2.1　一点透视 ················ 10
　2.2　二点透视 ················ 17
　2.3　三点透视 ················ 22
　本章小结 ···················· 26
　习题 ······················ 26

第3章　建筑配景 ·············· 27
　3.1　树木 ···················· 28
　3.2　山石 ···················· 40
　3.3　人物 ···················· 44
　3.4　车辆 ···················· 45
　3.5　室内陈设 ················ 47
　本章小结 ···················· 51
　习题 ······················ 51

第4章　建筑表现技法要素 ········ 53
　4.1　构图组织 ················ 54
　4.2　色彩知识 ················ 57
　4.3　材质表现 ················ 62
　本章小结 ···················· 68
　习题 ······················ 68

第5章　钢笔表现技法 ············ 69
　5.1　钢笔表现画的特点 ·········· 70
　5.2　钢笔表现画的要领 ·········· 71
　5.3　钢笔表现画绘图步骤与范例 ···· 74
　本章小结 ···················· 76
　习题 ······················ 77

第6章　马克笔与彩色铅笔表现技法
　　　　　　　　　　　　　　　　　79
　6.1　马克笔表现 ·············· 80
　6.2　彩色铅笔表现 ············ 91
　6.3　马克笔和彩色铅笔综合表现 ···· 97
　本章小结 ··················· 102
　习题 ····················· 102

第7章　建筑快速表现画赏析 ····· 103
　7.1　建筑篇 ················· 103
　7.2　室内篇 ················· 111
　7.3　景园篇 ················· 122

参考文献 ··················· 131

第1章 概述

教学目标

通过学习建筑表现概述,主要掌握建筑表现的概念与特性,了解建筑表现的主要类型及应用途径,了解建筑表现的训练方法,对建筑表现画有基本的认识。

教学要求

知识要点	能力要求	相关知识	所占分值（100分）	自评分数
建筑表现的概念	能区别建筑表现图与绘画作品	绘画作品的特征	20	
建筑表现的作用	能分析建筑表现图的功能	了解绘画作品的作用	20	
建筑表现的分类	掌握不同类型建筑表现图的使用要求	建筑快速表现的作用	20	
建筑表现的特点	能确认建筑表现图的特点	建筑快速表现的特点	20	
建筑表现的训练方法	能编制建筑表现图的训练计划	临摹建筑表现画方法	20	

章节导读

建筑表现是进行建筑等方案设计的重要组成部分,也是不可缺少的工作环节。其主要起设计方案构思与汇报作用,有手绘表现和计算机表现两类,具有客观性、科学性和艺术性等特征。我们学习建筑表现概述是为了解效果图在设计中的作用,以及如何学习建筑表现。

> **引 例**
>
> 一套设计方案主要有平面、立面、剖面等工程图纸组成,但要预先感受建筑体量、空间效果、所处环境,让建设方、管理部门又能清晰认识设计方案,则需要有直观立体效果。试分析一张建筑表现图特点并体会其作用。

1.1 建筑表现的内涵及特性

观察思考

建筑表现画的概念、用途及特性是什么?

1.1.1 建筑表现的概念

建筑表现也称建筑效果图,是建筑、室内、景观和装饰等设计活动的重要组成部分,以立体、直观的图示来传达设计思想,表达设计方案构思;是设计过程中不可缺少的环节;是绘画艺术和工程技术设计相结合的表现形式,在表达过程中具有较强的方法和技巧。设计师通过建筑效果图来表达设计信息、研究和推敲设计方案、交流创作意见,也能让设计师在创造和设计过程中捕捉信息、激发创作灵感。

建筑表现的对象是方案设计构思,是对未来现实的描绘,存在于在设计师头脑中。建筑表现必须客观、真实地传达设计物体的形态、结构、材质、色彩和环境等要素,使阅读者有比较直接的认识如图1.1所示。就其表现的功能与作用主要有以下两个方面的内容。

图1.1 某住宅楼建筑设计表现(张峰)

1. 推敲设计方案,表达设计构思

在方案设计阶段主要是进行平面、立面、剖面等关系的分析。在设计过程中,设计师常用立体直观的透视图对设计构想作推敲与比较，常常徒手画出透视图来观察设计效果，通过准确精练的多视角的效果图，从而表达出设计师头脑中闪烁的设计思维与灵感，让设计效果更加优化。

2. 汇报交流设计方案

设计方案完成后，为便于与规划、设计管理部门交流，以及向建设与施工单位等进行方案汇报，要求有一张未来建成后的真实形象的效果图，以供评审与参阅。建筑表现图通过虚拟出建成后的空间关系、体块关系、道路关系、材料与颜色以及构造等设计要求，从而来传达设计构思，便于让参阅者领会设计思想。

1.1.2 建筑表现的特性

建筑表现是对虚拟现实的描绘，需要较强的技法，且受绘画表现手段的影响，与绘画作品有着一定的相同之处。但从建筑表现的作用可看出其自身特点非常鲜明，主要体现在以下几个方面。

1. 真实客观性

建筑表现图必须真实客观地表达设计构思，在建筑造型和空间体量的比例与尺度，环境衬托、立面处理、细部表现等方面都必须符合客观事实。建筑表现图不能脱离实际的尺寸及相关要素而随心所欲创作，背离客观实际设计内容，如同绘画那样去追求画面的艺术效果。因此建筑表现画始终把客观性放在首位，同时还要发挥其直观特性，配合其他图纸增加方案设计思想的传播力度。

2. 科学严谨性

要体现建筑表现图的客观真实性，必须避免在绘图过程中的随意性，应以严谨科学的态度去对待。建筑表现画从整体布置到局部细节，都必须遵循透视、色彩、形态、光影等方面的基本规律，准确地表达出设计对象的尺度、形态、材料、色彩、空间和环境等构思。

3. 艺术创造性

建筑表现画具有创造性，它不是对照实物去描绘，而是根据平面、立面、剖面等图纸创造性地画出透视图。它是科学性较强的工程设计图纸，但同时也具有较高艺术品位。在其科学与客观的前提下，对表现对象进行合理夸张、概括及取舍都是很有必要的，从中包含了构图、线条、色彩等表现手段的运用，也有环境氛围的营建和别具匠心的处理，这都体现了建筑表现画的艺术性。建筑表现画的艺术创造性取决于绘制者本人的艺术修养的高低，不同的作画工具，表现技法可让建筑表现画风格多样、魅力无穷。

1.2 建筑表现的类型

观察思考

1. 建筑表现效果图有哪些类型？其分别具有哪些特征？
2. 建筑快速表现画的特性是什么？

建筑表现画是建立在透视学的基础上运用绘画技法来表达设计思想的，经历了漫长的过程，其不同时期的表达方式都不一样，表现形式与手段十分丰富，就其表现类型来说，主要有以下几种。

1.2.1　色彩手绘写实表现

在计算机未得到普及的年代，建筑效果图都是通过手绘方法进行的。进入19世纪以后，透视学广泛地运用到建筑、绘画等表现领域后，建筑表现的形式逐渐丰富起来，钢笔、铅笔、水彩、水粉等工具及材料绘制建筑透视的技法，其严谨、真实的表现能力，使设计师的设计构思得以非常直观地表现，建筑表现图的逼真程度也是由绘制者的绘画水平、艺术素质决定的。

色彩手绘建筑画表现的表现形式主要有水墨渲染、水粉、水彩、喷绘等着色技法，它是在严谨、直观的透视线条的基础上进一步深入绘画的，细微精致地表现了设计构思。这些表现方式产生的作品有着强烈的感染力，但耗时很长，绘制过程也比较复杂，并且需要设计师有一定的绘画水平和艺术文化素质如图1.2所示。

图1.2　某酒店大堂堂内设计表现

1.2.2　计算机表现

随着科技的发展，计算机的普及，在20世纪90年代末期3D技术的提高。设计方案在送规划、设计、管理等部门以及投资方和建设方评审或汇报时，必须要有很精致逼真的建筑表现画，计算机也逐渐地代替了传统的手绘。3ds max这个辅助设计软件慢慢地走入了设计工作者们的范畴。3D技术可以做到精确的表达设计对象的形态、空间、尺度、材质和色彩等，达到建筑表现画的高仿真。在建筑表现的便捷性方面尤为出色，它可准确快速地模拟设计对象的造型、色彩、材质，还可以添加人、车、树、建筑配景，甚至白天和黑夜的灯光变化，也能很详细地表现出来。

现在计算机表现普及性很强，较容易掌握，现已列为一门单独课程。但要提高其表现的艺术效果，还是取决于设计师的艺术素质和绘画水平如图1.3和图1.4所示。

图1.3　公共空间室内设计表现（1）

图1.4　公共空间室内设计表现（2）

1.2.3　快速表现

色彩手绘表现和计算机表现绘制的建筑表现画能精细逼真地表达设计对象，且一般作为正式设计文件出现在方案汇报、评审、投标等阶段，以供展示、宣传、研讨、欣赏所用，但其绘制过程很耗时。设计师在方案构思时，常常徒手绘制草图来推敲与修改设计方案，或记录与表达设计意图，或用于收集设计资料，这就是快速表现。建筑快速表现能使设计师迅速捕捉设计灵感，及时表达设计意图，从而体现建筑表现画绘制的便捷性。

建筑快速表现主要以线条或者淡彩高度概括设计对象，技巧性和方法性很强，有感染力的建筑快速表现画需要绘制者有一定的艺术素质与修养。它常用的工具与材料是钢笔线条配马克笔、彩铅着色等，这种表现方式在当前设计工作中已普遍使用，为方案设计带来高效性如图1.5所示。

图1.5 餐厅室内设计表现（华中师范大学武汉传媒学院 涂银芳）

1.3 建筑表现知识基础与训练方法

观察思考

怎样快速掌握建筑表现画的方法？

建筑表现画是介于绘画与工程图纸之间的设计思维表达语言。通常从设计的草图构思到设计完成后的形象表现，都需要建筑表现画来实现，且在方案设计过程中使用最普遍的是快速表现。因此，建筑表现画在建筑设计类专业学习过程中有很强的现实意义，学习与训练的方法也很重要。

1.3.1 建筑表现的知识基础

建筑表现画是用立体直观的图示来表达设计思想的，同时还具备艺术感染力。学习建筑表现画首先要掌握透视的运用，还要有一定的绘画基础，同时还要了解建筑等绘制对象的基本构造等，才能表现出优秀的建筑表现画。

透视是根据近大远小，近实远虚等规律，将三维的空间物体表达到画面上形成二维图像，能真实体现建筑形象及其结构与空间的关系，且能很真实表达透视感，是建筑表现画的最基础的部分。

建筑表现画的艺术感染力主要通过绘画来实现，绘画的光影、色彩、线条、构图等有很强的表现力，能直观表达设计思想，且不同的表现技法还能产生不同艺术效果，提高建筑表现画的艺术品位。

建筑表现画的目的是要表达出设计对象的形态、内外空间体量、材质、色彩、环境等，所以绘制者必须要了解建筑等设计对象的基本构造，才能绘制出能真实反映设计思想的建筑表现画。否则只是画皮，而没有真正描绘设计对象的本质特征。

1.3.2 建筑表现训练方法

在建筑表现画的学习过程中，掌握了一定的透视和绘画的基础后，首先要从临摹入手。在临摹优秀的作品过程中逐步掌握建筑表现画的技法，训练理解能力与动手能力，并在学习过程中逐步掌握建筑表现的基本规律。

在掌握建筑表现画基本规律后，然后可对建筑实体进行写生，对照实体来画效果图，还可根据图片进行创造性的绘制效果图。在此阶段的训练过程中，通过对实体和图片的观察与分析，去领悟、理解建筑和空间的真实体量关系、环境关系、材质与色彩、构造细节等，使建筑表现画能真实地反映设计构思，同时还可起到收集设计资料的作用，并把前面所学的技法运用到对实体的表现上，从而逐渐形成个人的绘画特点。这种训练是在前者的基础上更进一步的学习，其目的在于把临摹过程中所学到的表现技法运用到方案设计中。

在掌握表现技法和理解设计构思后，就可进行建筑表现的创意表现训练。这标志着建筑表现能力与技法的成型，是建筑表现画的观念、技巧与实践能力进入了一个新高度；是建筑表现画学习目标的形成阶段。这阶段训练初学者能根据设计图，如平面图、立面图、剖面图等画出效果图，能很好地表达设计思想，使设计作品能更加突出，更加完美地表现出设计者的创意。

建筑表现画是由浅到深、由简单到复杂的训练过程。在绘制过程中要做到内容与形式、风格与意境的完美统一，要多看、多想、多画，使学习由量的积累到质的飞跃。

本章小结

本章讲解了建筑表现的内涵及特性，重点介绍建筑表现的作用，其以图形客观、真实地传达设计物体的形态、结构、材质、色彩、环境等要素。主要用来表达设计信息、研究和推敲设计方案、交流创作意见，也能让设计师在创造和设计过程中捕捉信息、激发创作灵感。建筑表现图主要有色彩写实表现、计算机表现和快速表现等表现形式，其中建筑快速表现在当前设计工作中使用最为普遍。并通过各类效果图图例展示，使学生掌握建筑表现画内涵及任务。

习题

利用百度、谷歌搜索建筑快速表现的特点及作用，分析绘画技法在建筑表现画中的应用，并结合相关图例进行说明。

教学目标

了解透视的基本原理,掌握三种透视的画法,掌握室内室外的表现技法中透视的运用规律。

教学要求

知识要点	能力要求	相关知识	所占分值(100分)	自评分数
透视的意义	理解透视在不同的设计领域中的重要性	学习透视的方法以及规律	15	
透视的术语	熟悉透视学中的术语	掌握透视学中重要的术语简称	10	
透视的画法	能运用一点透视画图	掌握一点透视室内的画法	10	
		掌握一点透视室外(建筑)的画法	10	
	能运用二点透视画图	掌握二点透视室内的画法	15	
		掌握二点透视室外(建筑)的画法	15	
	能运用三点透视画图	熟悉三点透视室内的画法	10	
		熟悉三点透视室外(建筑)的画法	15	

章节导读

"透视"一词原于拉丁文 Perspclre（看透）。早在文艺复兴时期"透视"这一概念就被昂纳多·达·芬奇提出。他一共提出了三个透视概念，我们现在较为常用的是其中的"线的透视"。我们应该如何理解表现呢？假想在画者和被画物体之间有一面玻璃，确定视点，连接物体的关键点与眼睛形成视线，再相交与假想的玻璃，在玻璃上呈现的各个点的位置就是你要画的三维物体在二维平面上的点的位置。达·芬奇提出一个问题，创作者绘画或设计师的训练应当先学习什么？答案是应当先学透视。透视是模仿一切自然造物的形状的科学，在学习中应注重连同和物体所处位置相应的光和影。透视是科学的，是物质世界反馈在人眼中成像的基本规律。正确的透视感、敏锐的洞察力需要不断的观察和练习来获得。在这个章节里面我们一共要学习透视的三种基本原理以及画法，它们分别是一点透视也叫做平行透视；二点透视也叫做成角透视；三点透视也叫做倾斜透视。在学习理论知识的同时辅助实践，力求学生在学习的过程中不断培养自身的空间感，提升设计的感悟能力。

2.1 一点透视

引例 1

一套室内设计方案包括平面图，各界面图等，但这些图纸不能直观地展示其关于造型、色彩、材质等设计构思，并且还要有较全面的视角来表现出各室内界面。一点透视则以立体直观的图示来表达设计思想，起到交流分析设计方案的作用。我们学习透视之前首先要了解透视的主要基本名词如下。

1. 透视：通过一个透明的平面去研究后面物体的视觉科学。"透视"一词来源于拉丁文"Perspclre"（看透），故有人解释为"透而视之"。
2. 透视图：将看到的或设想的物体、人物等，依照透视规律在某个媒介物上表现出来，所得到的图叫做透视图。
3. 视点（Eye Point）：人眼睛所在的地方。标志为 S。
4. 视平线（Horizontal Line，HL）：与人眼等高的一条水平线。
5. 视线（Line of Sight）：视点与物体任何部位的假象连线。
6. 视角（Visual Angle）：视点与任意两条视线之间的夹角。
7. 视阈：眼睛所能看到的空间范围。
8. 站点（Stangding Point）：观者所占的位置，又称停点。标志为 G。
9. 视距：视点到心点的垂直距离。
10. 天点（Top‐vanishing）：视平线上方消失的点。标志为 T。
11. 地点（Bottom‐vanishing）：视平线下方消失的点。标志为 U。
12. 灭点：透视点的消失点。
13. 测点（Measuring Point）：用来测量成角物体透视深度的点。标志为 M。
14. 画面（Picture Plane）：画家或设计师用来表现物体的媒介面，一般垂直于地面平行于观者。标志为PP。

15. 基面（Ground Plane）：景物的放置平面。一般指地面。标志为GP。
16. 视高（Visual High）：从视平线到基面的垂直距离。标志为H。

> **观察思考**
>
> 一点透视是怎么形成的？我们绘制什么场景的时候适合用一点透视来完成？

2.1.1 一点透视画法

1. 概念

一点透视又名平行透视，当形体的一个主要面平行于画面，其他面的线垂直于画面时，斜线消失在一个点上所形成的透视称为一点透视。如果我们将一个立方体放在一个水平面上，前方的面（正面）的四边分别与画纸四边平行时，上部朝纵深的平行直线与眼睛的高度一致，消失成为一点，而正面则为正方形如图2.1所示。

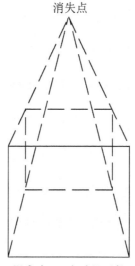

图2.1 一点透视（1）

2. 画法

（1）先按室内的实际比例尺寸确定ABCD，然后确定视高H、L，根据人的平均身高一般设在1.5～1.7m之间。灭点VP及M点(量点)根据画面的构图任意确定如图2.2所示。

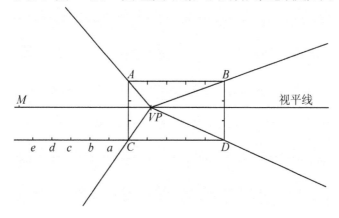

图2.2 一点透视（2）

（2）从 M 点引到 $A\sim D$ 的尺寸格的连线，在 $A\sim a$ 上的交点为进深点，作垂线，然后再利用 VP 连接墙壁天井的尺寸分割线。根据平行法的原理求出透视方格，在此基础上求出室内透视如图 2.3 所示。

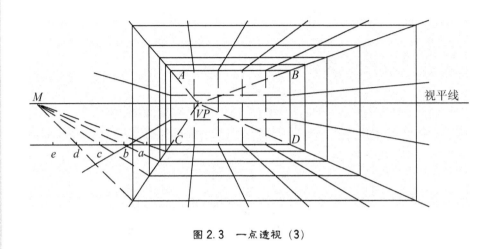

图 2.3　一点透视（3）

（3）在透视方格的基础上，画出平面布置透视图如图 2.4 所示。

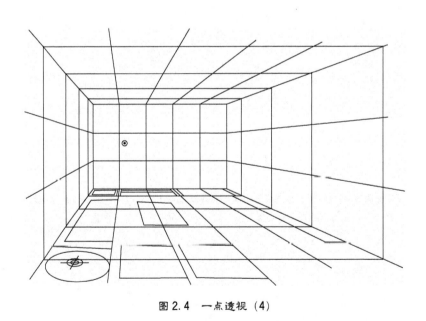

图 2.4　一点透视（4）

（4）在平面透视的边角点上作垂线，量出实际高度点连接完成室内透视如图 2.5 和图 2.6 所示。

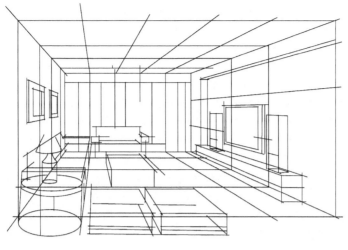

图 2.5 一点透视（5）

图 2.6 一点透视（6）

观察思考

一点透视能给我们室内表现带来什么样的感受？

2.1.2 一点透视画室内

我们用一点透视进行室内表现的时候通常会体现空间布局，以及室内家具的摆放和家具造型及室内陈设类别等，如图 2.7～图 2.10 所示。

图 2.7 室内一点透视表现图（1）（张峰）

图 2.8 室内一点透视表现图（2）（张峰）

图 2.9　室内一点透视表现图（3）（张峰）

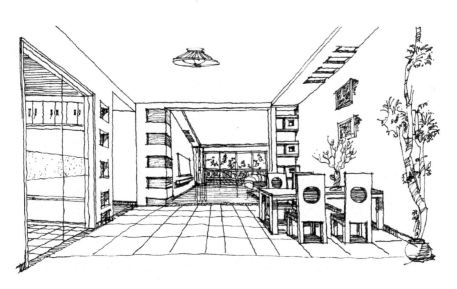

图 2.10　室内一点透视表现图（4）（张峰）

> 观察思考
>
> 一点透视在表现室外场景或建筑物的时候应当注意哪些要点？

2.1.3 一点透视画建筑

在建筑表现中一点透视的运用可以体现建筑立面的光影以及细如图2.11，2.12所示。

图2.11 建筑一点透视图（张峰）

在室外场景表现中一点透视的运用可以体现场面的开阔如图2.12所示。

图2.12 一点透视场景表现（张峰）

> **小结**
> 优点:一点透视能完整的表现空间及场景等;
> 缺点:画面不够活泼,比较其他透视画法显得呆板。

2.2 二点透视

引例2
建筑设计方案离不开透视图来传达设计思想。建筑设计透视表现图常展示的是室外场景,通过立体直观的图形来表现建筑的体量、尺度、造型和所处环境等。室外场景最大特点是近大远小,二点透视则可满足这些要求,并且可让画面构图比一点透视要生动。

观察思考
我们应该如何理解二点透视?

2.2.1 二点透视画法

1. 概念

物体只有垂直线平行于画面,水平线倾斜形成两个消失点时形成的透视,称为二点透视。

我们把立方体画到画面上,立方体的四个面相对于画面倾斜成一定角度时,往纵深平行的直线产生了两个消失点。在这种情况下,与上下两个水平面相垂直的平行线也产生了长度的缩小,但是不带有消失点如图2.13所示。

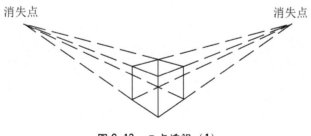

图 2.13 二点透视(1)

2. 画法

(1) 定墙角线 AB,兼作量高线;然后在 AB 间选定视高 H、L,过 B 作水平的辅助线,作为 GL。在 H、L 上确定灭点 VP_1、VP_2,画出墙边线如图2.14所示。

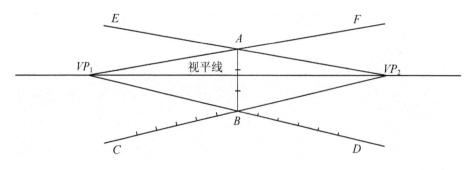

图 2.14 二点透视（2）

（2）画出室内网格和家具平面图如图 2.15 所示。

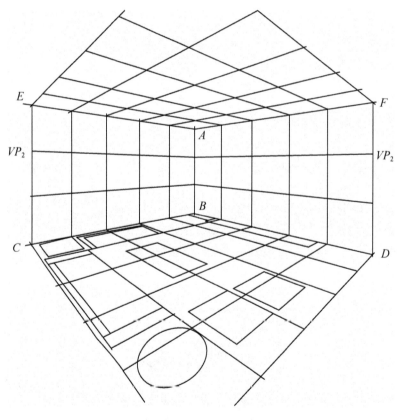

图 2.15 二点透视（3）

（3）量出实际高度点连接完成室内透视如图 2.16 所示。

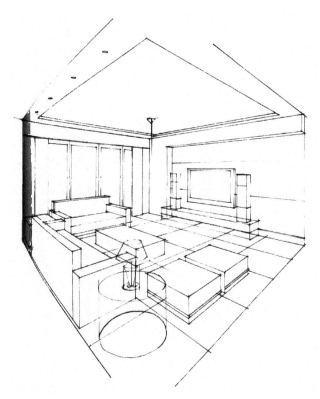

图 2.16 二点透视(4)

(4)完成图如图 2.17 所示。

图 2.17 二点透视(5)

> 观察思考
>
> 通常在室内表现中二点透视应该怎样去把握呢？

2.2.2 二点透视画室内

二点透视也可以表达室内设计方案，它的构图感比一点透视图显得更客观，所以画面上显比较活泼和生动，给人的体验也比较真实如图 2.18 所示。

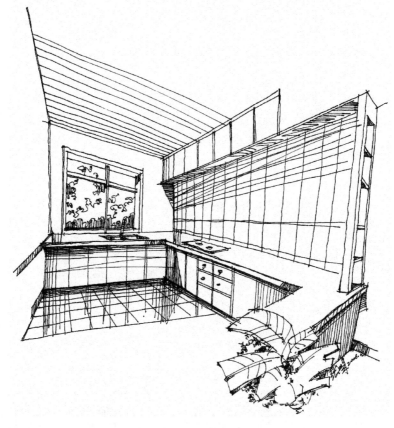

图 2.18 室内二点透视表现（张峰）

> 观察思考
>
> 用二点透视怎样表达建筑画的特点？

2.2.3 二点透视画建筑

二点透视能真实客观的表现建筑的体量，所以环境等设计要素可以表达建筑的多个立面造型，能生动的表达空间感如图 2.19～2.20 所示。

图 2.19 二点透视（1）（张峰）

图 2.20 二点透视（2）（张峰）

小结

优点：画面效果比较活泼、自由，能够直观地反映空间效果。

缺点：画二点透视也比画一点透视的难度大。若角度选择不准，就容易产生变形。最好把消失点取到画纸以外，这样效果会好一些。

2.3 三点透视

在高空俯视建筑或场景，或仰视高层建筑依旧有近大远小的透视感，这样就出现了水平方向和垂直方向的近大远小的感觉，可运用三点透视来表现这种场景。

观察思考

三点透视的特点是什么？

2.3.1 三点透视画法

1. 概念

凡是在一个平面与水平面成一边低一边高的情况，如屋顶、楼梯、斜坡等，这种水平面成倾斜的平面表现在画面中叫做倾斜透视，又称为三点透视。三点透视就是立方体相对于画面，其面及棱线都不平行时，面的边线可以延伸为三个消失点，用俯视或仰视等去看立方体时就会形成三点透视如图 2.21 所示。

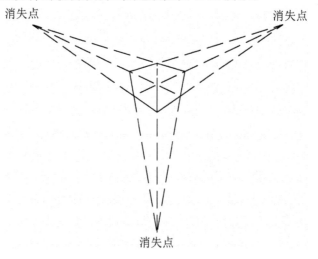

图 2.21 三点透视（1）

2. 画法

（1）倾斜透视有向下倾斜与向上倾斜两种。近高远低的叫做向下倾斜；近低远高的叫向上倾斜。它们有各自的灭点，向上斜的灭线都消灭在"天点"上（也称天际点）；向下斜的灭线都消失在地点上（也称地下点）。如图 2.22 所示上方是平行透视中的三种倾斜情况。在平行透视中，天点和地点一定是在心点的垂直线上。

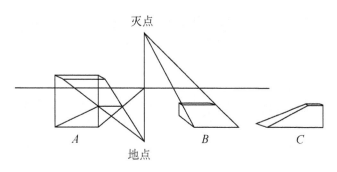

图 2.22 平行透视中的三种倾斜情况

A 是向下倾斜，它的灭点就向地点集中。

B 是向上倾斜，它的灭点是向天点集中。

C 这种是倾斜的角度使其正好与画面平行，无远高近低或远低近高的变化。因此，我们要按实际的角度来画，不用天点与地点。

（2）如图 2.23 所示下方是成角透视。在成角透视中，倾斜面的天点和地点一定是在灭点的垂直线上，图中 D 是向左上方倾斜，它的天点就在左灭点的上方；图中 E 是向右下方倾斜，它的地点就在右灭点的下方。以上这几种方法揭示了倾斜透视的基本规律。

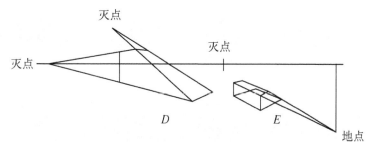

图 2.23 三点透视（2）

（3）阶梯的画法。楼梯、石阶用倾斜透视画得较多。阶梯的特征是一级一级渐高渐远，它的透视形象也是逐渐变化的，最低的一级较大，渐高渐远渐小。这种变化如果随意处理是不容易画准确的，必须按照一定的方法来画。

①如图 2.24 和图 2.25 所示为一个平行透视中的阶梯。先画这个阶梯的斜面形，在斜面的最高点到地面的垂直线上，把所需要的级别等份在这条直线上。

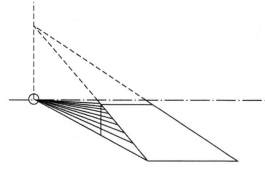

图 2.24 平行透视中的阶梯（1）

②如图2.25所示分为6等份,从心点通过这六点作直线相接于斜面上,所得的6点就是每一级的转角处;再从各点向下作垂直线与来自心点的直线相交,这就是每一级的高度与平面宽度;然后用横线从各点画到斜面的另一边,照样用垂直线及灭线画各阶梯的高度和宽度。这时一个完整的楼梯就画完了。

③换一个方向的楼梯只需要加上辅助线即可。在前期绘制时大量使用辅助线,可以保证每个细节变化都符合透视变化规律。辅助线在画多方向、较为复杂的楼梯时是十分有用的如图2.26所示。

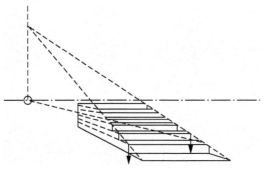

图2.25 平行透视中的阶梯(2)

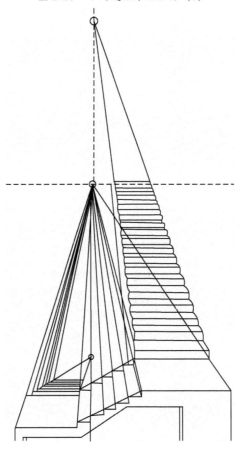

图2.26 三点透视(3)

> 观察思考
>
> 鸟瞰图一般用于哪种类型的环境艺术设计作品表现？它的绘制要点是什么？

2.3.2 三点透视画鸟瞰图

鸟瞰图实际上运用的是高视点透视法，多在规划和景观设计表现中会运用这种表现手段。它的绘制要点为近大远小，近明远暗。如直角坐标网，东西向横线的平行间隔逐渐缩小，南北向的纵线交会于地平线上一点（灭点），网格中的水系、地貌、地物，也需按上述规律进行变化如图2.27所示。

图2.27 三点透视场景表现（湖北城市建设职业技术学院 汪帆）

> **小结**
>
> 三点透视比较起二点透视在成像效果上看更接近真实的世界，刺激我们的感官。要学好三点透视需要不断的思考，以及观察理解方能做到运用熟练。它是三个透视方法中最难掌握的一个，但同时也是最具有感染力的。

本章小结

通过本章的学习，掌握透视的基本原理，熟悉透视的画法，了解透视的重要作用。透视是建筑表现技法中最基本的原理，在学习的过程中需要配合一定数量练习才可以做到融会贯通的运用。不论你是从事绘画还是设计，透视是自然反馈在人眼中的基本成像规律，如想理解设计融于自然这一当今设计界中的主题就应当先从透视开始，不断地实践而后去感悟，最后将你的设计中绿色思想投射到实际设计中。

习题

一、临摹

1. 临摹一点透视作品，室内1张，室外1张并在旁边做出自我点评。

规格 A3 大小，铅笔底稿上墨线，留下辅助线的痕迹。

2. 临摹二点透视作品，室内1张，室外1张并在旁边做出自我点评。

规格 A3 大小，铅笔底稿上墨线，留下辅助线的痕迹。

3. 临摹三点透视作品：楼梯1张、建筑1张、鸟瞰图两张并在旁边做出自我点评。

规格 A3 大小，铅笔底稿上墨线，留下辅助线的痕迹。鸟瞰规格 A1 大小。

二、写生

1. 运用一点透视原理，绘制室内1张，室外1张并在旁边做出自我点评。

规格 A3 大小，铅笔底稿上墨线。

2. 运用二点透视原理，绘制室内1张，室外1张并在旁边做出自我点评。

规格 A3 大小，铅笔底稿上墨线。

3. 运用三点透视原理，绘制楼梯1张、建筑1张，并在旁边做出自我点评。

楼梯、建筑规格 A3 大小，铅笔底稿上墨线。

三、创作

题目：以"人与自然"为题完成一个园林建筑单体的设计，可参考。

要求：(1) 必须运用一点透视，二点透视，三点透视特点选择其优势来完成，对这项设计的表现（重点是透视原理以及运用准确）。

(2) 如用图册则不少于 10 张图纸（不包含封面目录以及设计说明）。

如用综合排版的形式，图不得少于 10 张。

(3) 规格：图册均为 A3 大小，综合排版则为 A1 大小。

(4) 设计说明：不少于 500 字。

(5) 其他：铅笔底稿上墨线，卷面干净整洁有条理。

第3章 建筑配景

教学目标

了解树木、山石、人物、车辆、室内陈设等建筑配景表现方法，并能熟练绘制各类常用的建筑配景，且能运用到建筑表现画中。

教学要求

知识要点	能力要求	相关知识	所占分值（100分）	自评分数
树木的表现方法与要点	能用钢笔等工具熟练画出典型的树木配景，且能运用到建筑画中	观察分析树木形态，了解干、枝、叶的关系	20	
山石的表现方法与要点	能用钢笔等工具根据需要画出山石配景，且能运用到建筑画中	山石在建筑表现画中的运用及表现方法	20	
人物的表现方法与要点	能用钢笔等工具根据需要画出人物配景，且能运用到建筑画中	人物在建筑表现画中的运用及表现方法	20	
车辆的表现方法与要点	能用钢笔等工具根据需要画出车辆配景，且能运用到建筑画中	车辆在建筑表现画中的运用及表现方法	20	
室内陈设的表现方法与要点	能用钢笔等工具根据需要画出室内陈设配景，且能运用到建筑画中	收集各类陈设资料及其钢笔表现方法	20	

章节导读

建筑表现画描绘的是处于真实环境中的建筑物，因此除了画好建筑物等实体以外，还要画好建筑物所处环境中的建筑配景。环境中的建筑配景涉及内容有很多，主要包括树木、山石、人物、交通工具和室内陈设等，这些能起到增强画面的表现效果。对建筑配景的刻画要有适度的把握，其作用主要是为了烘托主体，不可喧宾夺主，使该刻画的主题得不到突出。

引 例

建筑表现画表现的主景是建筑等，但光有主景没有配景，画面则单调且不能完整表达设计思想，有配景的烘托画面就会生动。配景包含树木、山石、人物、交通工具、室内陈设等，往往根据需要选用。各类配景形态丰富，透视复杂，表现手段有一定难度。

试结合各类配景表现要领，在透视图作业中画树木、山石、人物、交通工具、室内陈设等配景，并以小组为单位进行互评。

3.1 树木

观察思考

树木的表现要点及如何运用到建筑表现画中？

3.1.1 树木的表现要点

自然界中树木的种类很多，且姿态万千，各具特色，而各树木的枝、干、冠的构成与分习性决定了各自的形态和特征。因此画树木是要先了解树木的轮廓形状和高宽比，树冠的形态、疏密与质感以及动态，然后根据这些特性来采用相应的表现形式。其表现方法可参考下列步骤进行。

（1）画树要先画树的主干，主干可决定树的形态与动态。或直或曲，或开或合，其布局安排要根据画面需要和构图而定。

（2）再画枝干，绘制时应注意枝与干的特性。"树分四枝"，分支应讲究粗枝的布置和细枝的疏密交叉及整体的均衡。在主干上添加小枝后可使树木的形态栩栩如生，形态丰富。

（3）最后画树冠，由树叶组成的树冠要考虑其明暗关系。可以把树冠考虑成多个球体的组合，根据树叶特征以合适的线条去体现树冠的质感与体积感。

总之，画树就是疏密的、交叉地组织树的主干与分支，树的主干与分支的布局要随树的动态与形体而定，不管树形如何婆娑多姿，但要求使重心稳定。再根据树叶特征用合适的表现手段表现树冠，并使之具有体积感。

3.1.2 树木的表现范例

《芥子园画传》这样谈过画树:"画树必先画干,干立加点则成茂林,增枝则为枯树。下手数笔最难,务审阴阳向背左右顾盼,当争当让。"画树可从临摹各种形态的树木图例开始,在掌握一定方法后,再通过写生去观察和理解树木特征。在临摹过程中学习与揣摩别人在树形概括、质感表现、体积感处理等方面的方法与技巧,并将学到的手法应用到建筑表现画中去如图 3.1~图 3.15 所示。

图 3.1 树木范图(1)(张峰)

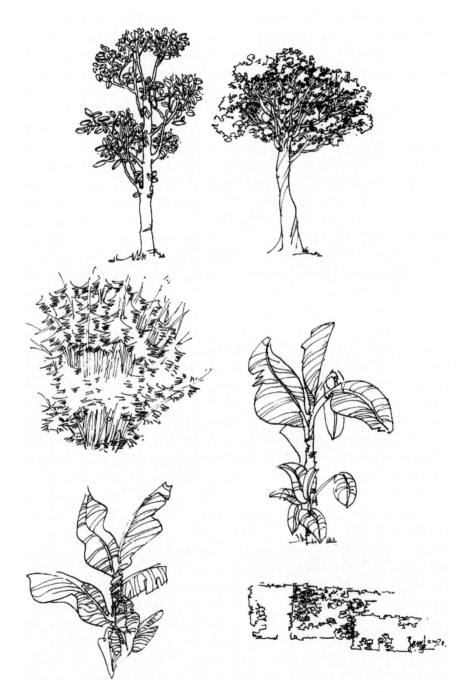

图 3.2 树木范图（2）（张嵘）

图 3.3 树木范图（3）（张峰）

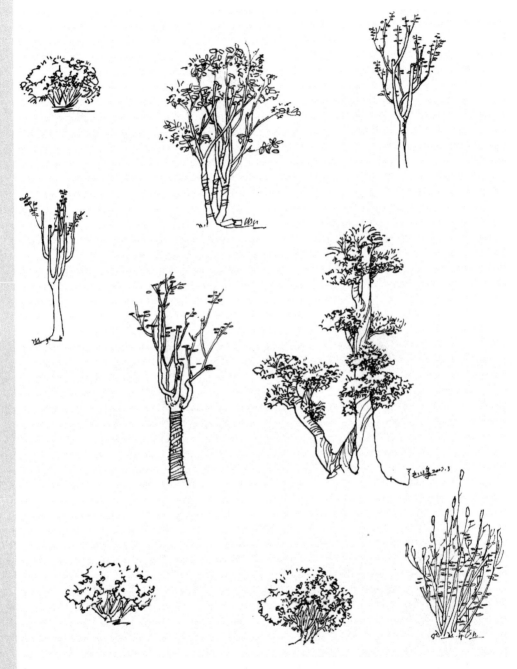

图3.4 树木范图（4）（张嵘）

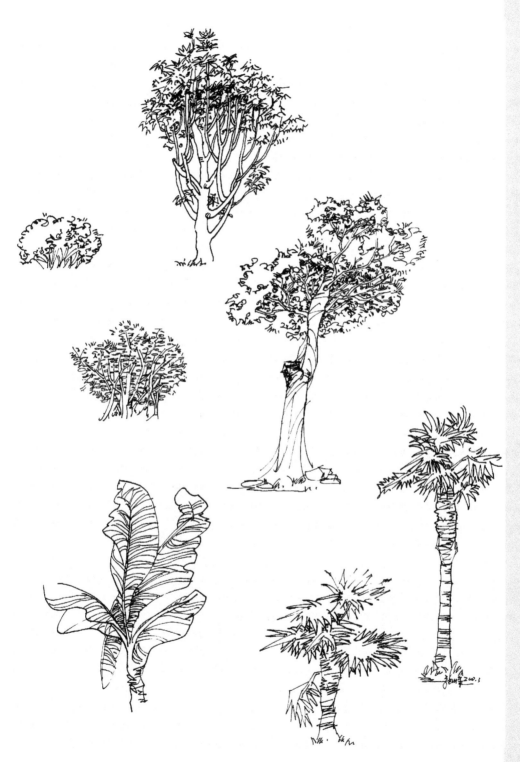

图 3.5 树木范图（5）（张峰）

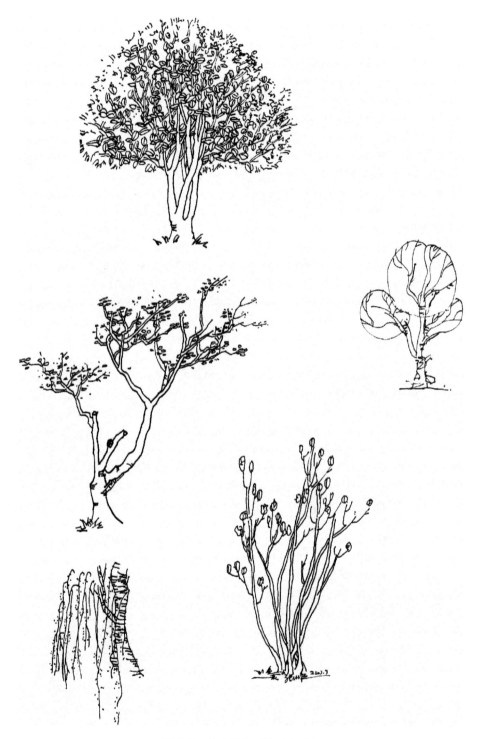

图 3.6 树木范图 (6)（张峰）

图 3.7 树木范图（7）（张峰）

图 3.8 树木范图（8）（张峰）

图 3.9 树木范图（9）（张峰）

图 3.10 树木范图（10）（张嵘）

图 3.11 树木范图（11）（张嵘）

图 3.12 树木范图（12）（张嵘）

图 3.13 树木范图（13）（张嵘）

图 3.14 树木范图（14）（张峰）

图 3.15 树木范图（15）（张峰）

3.2 山石

> 🔍 **观察思考**
>
> 山石的表现要点及如何运用到建筑表现画中？

山石是建筑表现画常遇到的表现对象，古人云："石乃天地之骨，而气亦寓马，故谓之曰云根"。描述的是山石形态丰富，讲究气韵。山石有以下一些画法。

3.2.1 山石的表现要点

（1）一般来说"石分三面"，指的是要画出山石的体积、凸凹感。用线的疏密关系来表现山石的"三面"，起笔就要把握山石取势，山石之间形的呼应。

（2）"画石大间小小间大之法，树有穿插，石亦有穿插，石之穿插更在血脉。"画山石讲究石头间形态穿插，大小山石之间形式与线条疏密互衬，画山石的线条也有虚实顿挫的变化。

3.2.2 山石的表现范例

《芥子园画传》里有关于画石头相关方法，总结以下几种类型供参考和临摹如图3.16～图3.20所示。

图 3.16 山石范图（1）（张峰）

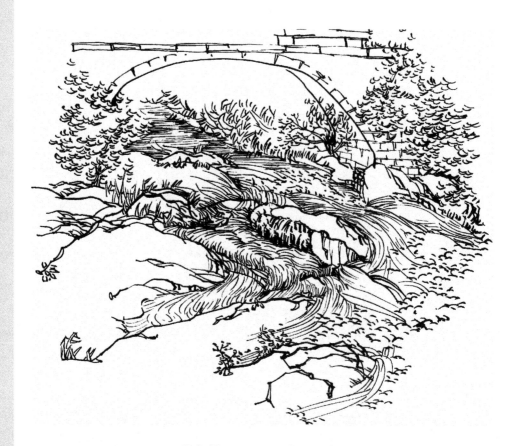

图 3.17 山石范图（2）（张嵘）

图 3.18 山石范图（3）（张嵘）

图 3.19　山石范图（张峰）

图 3.20　山石范图（张峰）

3.3 人物

> **观察思考**
>
> 人物的表现要点及如何运用到建筑表现画中？

3.3.1 人物的表现要点

在建筑表现画中适当点缀一些人物，首先可以借人物的比例表现建筑物及空间尺度关系，其次还能为画面增添生动活泼的气氛。但在画面中，人物数量不要太多，并要适当概括地表现。所画人物要做到尺度与姿态合适，服饰的季节性要统一，大小比例要符合透视规律。

在表现图中的配景人物常用站姿和行走。站姿的人物画法有正面、侧面、背面3种。行走姿态人物画法在站姿人物画法的基础上调整手和腿的动态即可。对远景人物画法一般用站姿，用笔要简练概括，近景人物则要刻画一下衣饰。尽量不要画特别近景的人，因为要过于刻画人物容貌，处理不好很容易破坏画面。

3.3.2 人物的表现范例

人物的画法比较难以掌握，需要有长时间的练习，并通过绘制大量人物动态速写来掌握相关要领。还可以选择与临摹各种建筑画中人物的范例，整理出一套备用人物配景资料，以满足绘制建筑表现画时选用与参考如图3.21所示。

图 3.21 人物范图（湖北城市建设职业技术学院 汪帆）

3.4 车辆

观察思考

车辆的表现要点及如何运用到建筑表现画中？

3.4.1 车辆的表现要点

车辆也是建筑表现画的重要配景，绘制车辆要了解其几何形体结构与其组合、衔接的关系，并要求以流畅的线条来表达车辆挺括的形体，其绘制要领如下。

(1) 车辆作为画面的整体组成部分，其尺度与透视必须与建筑及其环境场所的尺度、透视要统一，否则就会出现不协调的感觉。

(2) 在画面中，车辆以安排在中景为佳，过近或过远都会造成建筑及其比例尺度失真。

(3) 不同类型的建筑环境中应有与之相适合的车辆，以显示建筑物的特征，增强画面的气氛。车辆在画面中的多少、动静与方向在布局上要做到疏密相间、主次分明。

3.4.2 车辆的表现范例

车辆的表现如图 3.22 所示。

图 3.22　车辆范图（湖北城市建设职业技术学院　汪帆）

3.5 室内陈设

> **观察思考**
>
> 室内陈设的表现要点及如何运用到建筑表现画中?

3.5.1 室内陈设的表现要点

室内陈设是指对室内空间中的各种物品的陈列与摆设,俗称软装饰。在建筑表现画中,通过点缀一些陈设品来丰富画面,来烘托画面气氛。表现陈设品时线条的节奏尤为重要,要处理好疏密关系,使线性之间的关系做到恰到好处,以利于空间的转换和空间层次的递进。所以,画陈设品时勾线往往是熟练潇洒,疏密得当,使画面生动并富有节奏感。不同的陈设品有各自的表现特点,如下所述。

(1) 观赏性的物品的表现重点应放在细节的处理上,如质感、造型、结构等方面,体现艺术品和高档工艺品的精致之处。在颜色渲染上,无论是水粉、水彩,还是马克笔、彩铅,都在尊重固有颜色的基础上夸张处理,都可以增强视觉冲击力。笔触应干脆直接,不要拖泥带水。

(2) 实用性与观赏性为一体的物品,如家具、家电、器皿、织物等。这些物品的表现重点应放在物品结构上,用线要简练,透视要准确,尽量能表现出家用电器的现代感。

(3) 因历史的演变而发生功能改变的物品。这指的是那些原先仅有使用功能的物品,但随着时间的推移或地域的变迁,其使用功能已丧失,但其审美和文化价值得到了提升,如远古时代的器皿、服饰以及建筑构件等。这些物品的表现要注意用笔不要太随意,要表现物品的沧桑感,笔触可以使用钝、托、抖、划等技法室内陈设范画。

3.5.2 室内陈设的表现范例

室内陈设的表现如图 3.23～3.25 所示。

图 3.23 陈设范图 (1) (张峰)

图 3.24 陈设范图（2）（张峰）

图 3.25 陈设范图（3）（张峰）

本章小结

本章讲解了建筑配景表现的方法与要点，重点介绍树木、山石、人物、交通工具和室内陈设等的画法。画树要先画干再画枝与叶；画石头要表现其体积感与动态感；人物的表现要注意其比例与人物动态及其服饰的季节性；车辆要了解其几何形体结构及其组合、衔接的关系，并要求以流畅的线条来表现；陈设的表现要注意线条熟练潇洒，疏密得当，陈设造型美观，让画面丰富生动。并通过相应的范画图例，使学生掌握建筑配景的表现技法及其在建筑表现画中的运用。

习题

1. 运用建筑表现技法要素，临摹建筑配景范画，通过临摹去体会建筑配景表现在建筑表现画中的应用。

2. 观察树木、山石、人物、交通工具、室内陈设等，并通过写生去体会建筑配景特点。

第4章 建筑表现技法要素

教学目标

了解构图的处理、线条的组织、色彩的搭配、质感的表现等建筑表现技法要素,并能将这些表现技法要素熟练运用到建筑表现画中。

教学要求

知识要点	能力要求	相关知识	所占分值(100分)	自评分数
画面构图组织方法	能运用构图技巧与方法组织建筑表现画面	秩序布局图形元素,并以水平和纵深方向进行变化,使画面生动	40	
色彩表现方法与要点	能运用色彩对比与经营技巧及方法组织建筑表现画面	色彩的对比与面积、位置、形式的经营	30	
材料质感表现方法	能用钢笔等工具根据需要画出人物配景,并运用到建筑画当中	植物、织物、玻璃、石材等表现方法	30	

章节导读

建筑表现是表达设计方案构思的,是通过绘画形式来表现的,具有很强的方法性和技巧性。其既要准确地传达设计思想,又要使画面具有艺术性,因此画好建筑表现画要熟悉其表现要素,如构图的处理、线条的组织、色彩的搭配、质感的表现等方面。

引 例

建筑表现画是表达设计对象的形态、色彩、材质、所处环境、空间体量等要素。试结合表现技法要素，选用范画进行临摹，并体会表现技法要素在建筑表现画中的应用。

4.1 构图组织

观察思考

建筑表现画的构图如何组织？有哪些技巧？

构图是指所要表现的建筑图形、图画以及配景之间的相互组合关系，为使设计构思立意能够清晰表达，并且富于感染力。在绘制之初就要仔细推敲构图关系，组织好画面元素。好的构图具有很强的艺术冲击力，构图要领如下。

4.1.1 画面元素秩序布局

建筑表现画面包含了很多图形元素，画面构图就是把这些元素合理布局，使之主次分明，秩序井然，能准确地表达出环境关系、建筑体量关系等设计思想。建筑表现画面大都有建筑主体和道路、绿化、周围环境等要素，形成了主景与配景关系，以建筑主体为中心，形成前、后、左、右、中五个部分。构图的首要任务就是经营这五个部分，使画面的形式感、空间感、层次感等都能有匠心处理，达到既能传达设计思维，又有艺术感染力。在秩序布置画面构图时要注意以下几点如图4.1所示。

（1）建筑物作为表现主体，在画面中所占大小要合适。如果建筑物在画面中位置所占范围过大，会给人以拥挤与局促的视觉感；反之，会有空旷稀疏的印象。

（2）从建筑物在画面中的位置来看，建筑物居中会有呆板之感，如果过于偏向两侧，则有主体不够突出和画面失重感。一般把主体安排在画面中线略偏左或右一些。尤其建筑主入口面要留有较大一些空间，视觉感则会舒展与顺畅。

（3）从建筑物所处视平线的高度来看，视线定得越高，则看到的地面就越多；视线定得越低，则看到的地面就越少。画面视平线根据表现对象的实际需要来定。

（4）建筑配景主要起陪衬烘托作用，其在画面中的布局对构图有很大影响，处理要根据画面的需要而定，在建筑主体的前、后、左、右安排相应的建筑配景，使画面平衡，同时还丰富画面轮廓线。

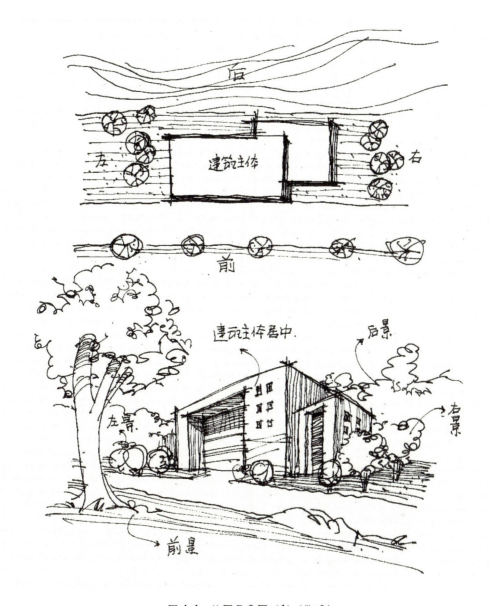

图 4.1 构图示意图（1）（张峰）

4.1.2 画面经营巧妙变化

把画面虚拟为以建筑物为中心的 5 个部分，并秩序地布局，就是为了突出建筑表现画的空间感和层次感，但秩序地摆放图形元素处理不好就很容易让画面变得呆板。因此在画面构图时，在秩序布局基础上要用巧妙的手段使画面效果生动，且富于变化，主要可从水平变化构图和纵深变化构图着手如图 4.2 所示。

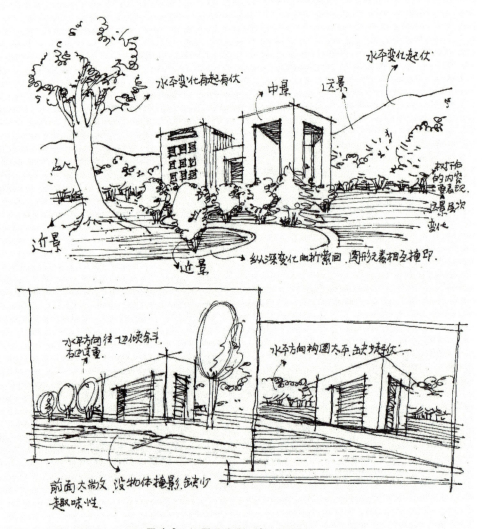

图 4.2 构图示意图（2）（张峰）

（1）水平变化构图主要是处理好以主体为中心的左右关系，让画面重心平衡的前提下，左右图形元素布局有起伏变化，切忌图形元素在一条线整齐布局或者往一边倾斜布局。

（2）纵深变化构图主要是处理好以主体为中心的前后关系，让画面中的近景、中景、远景的层次关系变化富于趣味，相互错落布局图形元素，使其有曲折萦回之感。

4.1.3 细节处理手段丰富

通过秩序且富于变化的整体布局之后，在处理画面局部时要采用一些技巧，使画面更耐人寻味，这种细节的处理手段非常丰富，以下列内容举例说明如图 4.3 所示。

图 4.3　构图示意图（3）（张峰）

（1）"框"就是让画面视觉集中，构图不分散，使画面"聚气"。可用树木等配景元素构成框感，使画面图形元素有主有次，整体性强。

（2）"破"就是用元素打破过于长或板的图形，使画面生动且有节奏感。

（3）"藏"和"露"是相互依存的，根据画面需要用图形元素"藏"某些形体，"露"某些图形，使画面富于趣味，耐人寻味。

对于建筑表现画的构图原则，不可机械理解或者照搬。因表现对象的不同，画面的构图是千变万化的，作画时要寻求最佳的构图形式来进行画面表现与形象的塑造。

4.2　色彩知识

观察思考

建筑表现画的色彩应该怎样处理？

建筑表现画对于色彩的要求是必须要了解色彩基本运用知识，那就是色彩的统一与变化的构成原则，也就是在画面中根据设计要求来组织色彩。建筑表现画中色彩的运用主要有以下内容。

4.2.1 色彩对比

1. 同类色对比

两三种在色环上互相接近的颜色，称为同类色。当两三种属性的色彩并置时，把这种情况称为"同类色对比"如图4.4所示。

2. 补色对比

在色相环上，两个颜色所成的角度为180°，那么这两个颜色互为补色。互为补色的两色并排或相邻在一起，会使人感到纯度均相增强，色彩更明艳，这种情形称为补色对比，如红与绿、紫与黄、蓝与橙，如图4.5所示。

图4.4 同类色对比　　　　　　　图4.5 补色对比

3. 冷暖对比

红、橙、黄等系统的颜色给人以温暖感，被称为暖色系如图4.6所示。蓝色等系列颜色给人以寒冷感觉，被称为冷色系如图4.7所示。当这两种属性的色彩并置，可产生冷暖对比的感觉，把这种情况称为"冷暖对比"。

图4.6 暖色系　　　　　　　图4.7 冷色系

4. 纯度对比

纯度是指色彩的明净程度。不同纯度的色彩并列之后，产生出来的比较性变化情况，称为"纯度对比"如图4.8所示。

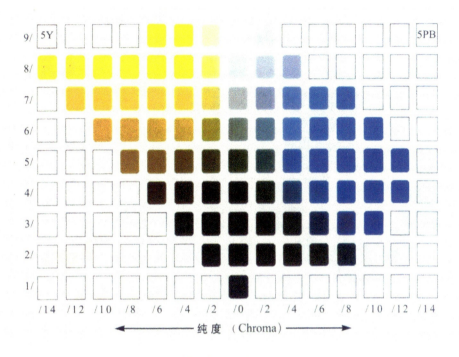

图 4.8 纯度对比

5. 明度对比

明度是指色彩的明净程度,又称为饱和度。当不同明净程度的色彩同时运用时所形成的对比,称之为明度对比如图 4.9 所示。

(a)   (b)

图 4.9 明度对比

4.2.2 面积、位置、形式的经营

1. 面积

面积相等的两种颜色进行搭配如图 4.10 所示。它很难辨别出画面的基色和配色,也就没有了主色调,在色彩设计中,往往需要通过面积多少来表现出色彩的对比,突出画面的主题及主色调如图 4.11 所示。

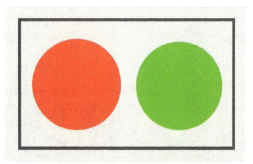

图 4.10 面积相等

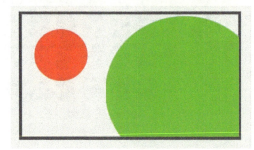

图 4.11 面积对比

2. 位置

色彩运用时应考虑位置的选择,让色彩之间你中有我,我中有你,从而使画面色彩生动丰富。不同的位置在进行色彩搭配时,也会起到不同的效果,选择不合适的位置,会影响色彩表现的效果。相反,合适的位置更大程度发挥色彩的作用如图 4.12 和 4.13 所示。

图 4.12 橙色用于柜字的正面

图 4.13　橙色用于柜子的侧面

3. 形式

色彩的运用，除了运用前面提到的五种对比手法和面积、位置两种手段外，还需要注意色彩的搭配形式。色彩表现出来的形式不一样，所传达的感情则不一样。方正的形式会使画面显得庄重如图 4.14 所示，弧形的形式会使画面柔美如 4.15 所示。

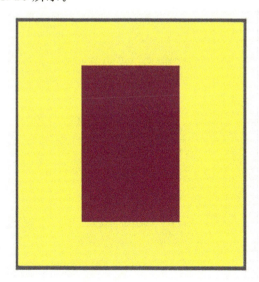

图 4.14　方形显得庄重

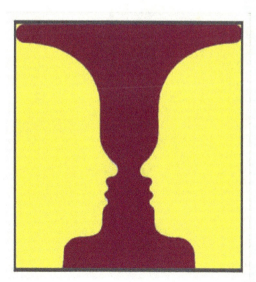

图 4.15　弧形显得柔美

4.3 材质表现

> 观察思考
>
> 不同物体的材质怎样处理呢？

建筑表面的造型、颜色、材质是建筑表现画描绘的主要内容，材质感是画面视觉冲击力度很强的部分，是设计思想表现的重要内容。当代建筑及装饰等材料丰富多样，在电脑效果图中可表现得非常逼真，但手绘快速表现只能概括提炼其典型特征。根据当前常用材料，主要列举以下几种类型的材质表现方法。

4.3.1 植物的质感表现方法

植物在画面中属于配景起烘托气氛的作用，其表现效果可直接影响到画面效果。植物色彩鲜艳，没有反光，且姿态丰富。画植物要先线勾勒出其形态特征，再用颜色在线稿上画出明暗和冷暖的大色块，然后根据画面需要，刻画出细部的明暗以及微妙而丰富的中间色调，从而显现出蓬松自然的植物形态。植物因近景、中景、远景的不同，其刻画的深入程度不一样如图 4.16 所示。

图 4.16　植物质感的表现

4.3.2 软织物的质感表现技法

纺织品在室内设计表现中是不可缺少的组成部分，如窗帘、靠垫、床上用品等。它对室内空间氛围营造起着十分重要的作用。

在表现纺织品和软体装饰物时，首先抓住其形态特征画好线稿，由于织物的形态自然、柔和多变，要徒手绘制，且要求线条娴熟，不适合用尺类工具做辅助表现。其图案和纹路要随着织物的形态转折而变化。在着色时，首先用颜色从中间色调开始往亮处过渡；其次用重色画出暗部和投影关系及环境色；最后画出微妙的细部色彩关系、素描关系和松动、绵软的织物质感如图4.17所示。

图4.17　织品质感表现

4.3.3 地毯的质感表现技法

线条画出地毯的形后，首先用大色调画出地毯的底色，表现出地毯的明暗和冷暖变化，颜色过渡要自然；其次用重色画出家具、陈设等在地毯上的投影以及地毯中的深色纹样；最后用提亮色，刻画出地毯中的浅色图案以及光影效果，用笔要放松，以表现出其厚度和毛茸茸、松软的感觉如图4.18所示。

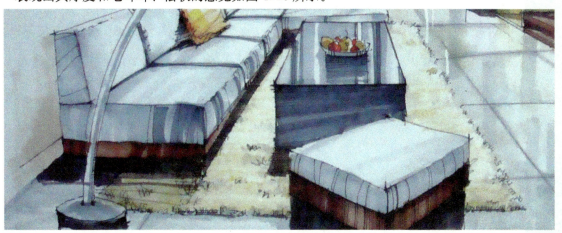

图4.18　地毯质感表现

4.3.4 地面反光质感表现技法

阳光充足的室内,在木材和石材等光洁材质地面上往往具有较强的反光效果。上色时先用大调画出光影关系,再根据物体用相应颜色画其投影关系,要垂直运笔,笔触之间衔接自然。根据画面需要,沿着地板走向进行局部深入,以表现地板的自然色差,打破单调感,使地板更加逼真。最后用浅色和深色勾勒地板缝隙线,要求线条光洁挺拔如图4.19所示。

图4.19 石材反光质感表现

4.3.5 玻璃的质感表现技法

玻璃分为透明玻璃和反射玻璃两种。在表现透明玻璃时,首先画出玻璃透过去的物体的形状和颜色;其次在所要表现的玻璃表面上用浅色画反光,可借助尺垂直或倾斜向下快速扫笔,这样就会形成局部半透明的效果;最后用细笔画出白色轮廓线。反射玻璃是常用于室外的一种建筑材料,具有强烈的反射性,犹如一面镜子,可将其周围的环境折射出来,如天空、树木、人影、车辆及周围建筑等。因此,在绘制过程中要注意反射环境的虚实变化,不可过分强调其折射效果,否则易造成喧宾夺主的效果,影响对主体自身的表现如图4.20所示。

图 4.20　玻璃质感表现

4.3.6　金属的质感表现技法

金属材料表面光滑，因此反射光源和反射色彩均十分明显。抛光金属几乎能全部反映环境色或者光源色。在表现时要根据以上特点，强调明暗交界线，并将反光和高光进行夸张处理。

如表现金属柱，要先画出它的固有色（如灰蓝、银白、金黄等金属固有概念色），用环境色画暗部，再用具有光源色倾向的颜色点出高光。因为金属材料大多坚实挺直，所以要求用笔果断、流畅，并具有闪烁变幻的动感如图 4.21 所示。

图 4.21　金属质感表现

4.3.7　砖石的质感表现技法

1. 大理石质感表现技法

大理石质地坚硬，表面光滑，纹理变化自然，呈龟裂状或不规则放射状，深浅交错。表现时要根据以上特征，用笔线条勾勒其纹理变化，然后画出它的固有颜色。可用细毛笔趁湿在底色上勾画出大理石的纹理，使其自然渗透，效果比较理想如图4.22所示。

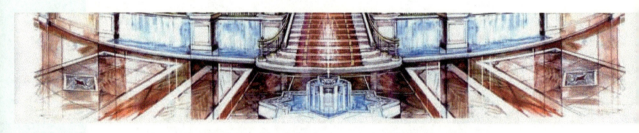

图4.22　石材质感表现（1）

2. 花岗岩质感表现技法

花岗岩质地坚硬，表面光滑平整，并有漂亮的色斑。表现时可在所需的花岗岩底色上可用牙刷或喷笔等上一些色点，然后借助尺用重色线画出接缝如图4.23所示。

图4.23　石材质感表现（2）

3. 红砖质感表现技法

首先铺红砖底色要有微妙变化,并有意保留光影笔触,借助尺画出砖缝深色阴影线;其次在其上方和侧方画出受光亮线,注意线的方向要保持一致;最后可在砖上画一些凹点,表示泥土烧制过程中的瑕疵。这样既富于变化,又增添了情趣如图 4.24 所示。

图 4.24 红砖质感表现

4. 面砖质感表现技法

面砖可分为釉面砖和素面砖两种。釉面砖表面较为光亮，所以反光比较明显。表现时可用整齐的笔触画出光影效果，再借助槽尺画出砖缝。素面砖因没挂釉而不光亮，表面质感较粗，表现时可用牙刷喷出凹凸的质感。

本章小结

本章讲解了建筑画表现的技法要素，重点介绍构图、色彩处理、材质感处理等知识。构图主要注意画面的近景、中景、远景秩序且有变化的组织；色彩处理主要了解色彩的对比及运用法则；不同的材质感有不同的表现手段和方法。并通过相应的范画图例，使学生掌握建筑表现技法要素在建筑表现画中的运用。

习题

根据各建筑表现技法要素，临摹建筑表现作品，作业数量根据学生个人情况达到能熟练运用技法要素画图。

第5章 钢笔表现技法

教学目标

了解钢笔表现画的特点及表现技法要素,掌握钢笔表现画的技巧,能熟练运用钢笔绘制建筑表现画。

教学要求

知识要点	能力要求	相关知识	所占分值（100分）	自评分数
钢笔表现画特点	能欣赏钢笔建筑表现画	钢笔画的艺术性、便捷性、兼容性	30	
钢笔表现画要领	能运用钢笔表现技巧与方法画建筑表现画	运用线面结合画钢笔画	40	
钢笔线条组织	能熟练组织线条画建筑表现画	线条的性格、疏密组织	30	

章节导读

用钢笔徒手画效果图是建筑表现技法中最基本的表现形式,它是设计人员进行思维交流、设计演绎的、记录构思的最为快捷的手段。是建筑表现画表现语言首先接触到的一种表现技法。

> **引 例**
>
> 钢笔表现画是具有便捷性、艺术性、兼容性的特征,主要用线条造型来表达设计构思,试结合表现技法要素、透视、建筑配景等知识,画1张钢笔表现画,并体会钢笔画的特点。

5.1 钢笔表现画的特点

钢笔表现画是用线条来表现建筑及环境场所的形体轮廓、空间层次、光影变化、材料质感等方面,其具有便捷性、艺术性和兼容性等特征如图5.1所示。

图5.1 流水别墅(张峰)

> **观察思考**
>
> 钢笔表现画的特点有哪些?

5.1.1 便捷性

钢笔表现画可徒手绘制,也可借助尺类工具绘制。它是一种快速、准确,而又十分简练的表现方法。由于钢笔易于携带,绘图简便,其线条又非常适宜于表现建筑形体结构,且能以各种线型组成流畅与美观的画面,表达建筑立面曲折、凹凸的美感。还可利用不同线型来表现应有的环境配景,烘托空间氛围。它是设计人员应用最方便、最及时的一种表现形式。

5.1.2 艺术性

钢笔表现画是一种艺术性很强的黑白画,在设计表现中其具有许多黑白画的表现特征和形式美感。钢笔画的线条组织能体现出黑白相间的节奏感和韵律感,也能体现其潇洒、流畅之气质,钢笔画的艺术性主要体现在构图中的黑与白的布局、线条的性格、笔触等画面组织与技法处理上。

5.1.3 兼容性

钢笔表现画技法还是一种非常具有兼容性的表现方法。一副潇洒流畅的钢笔徒手画本身就是完整且具有艺术性的作品,但其画面效果还可和其他多种表现手法结合,如水彩、透明水色和水粉等,尤其与马克笔、彩色铅笔结合最为普遍。形成钢笔淡彩和钢笔重彩等综合表现形式。

此外,钢笔表现画还便于复制和保存,在设计素材的收集、草图构思与方案表达等方面,提供了一种非常便利、快速的图示语言与表达形式。

5.2 钢笔表现画的要领

钢笔表现画主要依靠线条组织与运笔处理来表现设计构思的,因此线条的组织与运笔处理是钢笔画的最基本技法,钢笔表现画的要领如下。

观察思考

怎样画钢笔表现画呢?

5.2.1 线条组织

1. 线条的性格

线条是钢笔画的最基本表现元素,有强烈的性格特征,如刚、柔、虚、实等,其通过运笔的快慢、顺逆、顿挫等,并将物体的形象特征表现出来,同时也表现物体的质感,不同物体因其质感采用相应性格的线条。画线时要笔锋垂直纸面,均匀呼吸,画长线要一口气画完,忌用碎线和短线拼凑,这样能使线条厚实有力,不浮于纸面。线条运笔根据画面需要采用急、缓、顿、挫、虚、实等不同性格的线条,使画面生动丰富,流畅潇洒如图5.2所示。

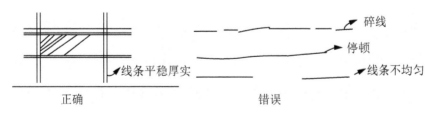

图 5.2 线条的表现方法

2. 线条的疏密组织

线条是通过勾勒物体轮廓来表达物体形体特征的,同时以线的疏密互衬来组织画面，让物体相互显现。画面从整体到局部，都是疏中有密、密中有疏形成物体之间相互衬托，布局画面的黑白灰，使画面具有节奏感。线条的疏密组织是钢笔画表现技法的重要手段，画面效果成败的关键因素如图 5.3 所示。

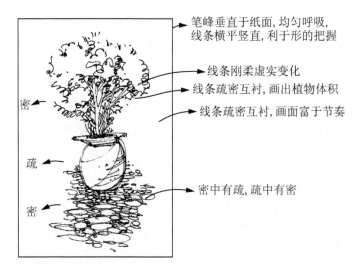

图 5.3　线条的组织

3. 线条造型的形式美

线条表现的对象形式感必须要美，即使再潇洒流畅的线条，也会因物体造型不美而导致画面没有吸引力。因此在组织画面时，如果因为描述对象物体造型形式感欠佳，则尽可能选用形式感美的建筑配景去丰富画面，增强画面吸引力，从而也确保了建筑表现画的真实客观性。

5.2.2　钢笔画表现形式

1. 线描画法

线描能清晰明确地表现物体的外部轮廓和内部凹凸转折等，削弱了表现对象在光影、色彩等所造成的复杂关系，用线来表现面与面的交接、过渡，也能表现物体的质感。线描是对表现对象的高度概括，对线条组织要求较高，其表现手法的掌握虽有一定难度，但能够快速表现对象如图 5.4 所示。

图 5.4　家居室内设计表现（张峰）

2. 明暗画法

用明暗表现物像也是钢笔画表现的一种手段，用"三面五调"明暗变化规律去表现建筑形象的形体转折与空间关系，使画面有很强的立体感和空间感。用钢笔表现明暗在其层次关系和明暗关系的变化上，远远不如铅笔素描表现得细腻，而且绘画速度慢如图5.5所示。

3. 线面结合

它是在线描和明暗画法的基础上产生的，以线描为主，稍加以明暗刻画细节，能对绘制物体简练概括，也可以进行充分的刻画。能够快速准确表达设计构思，是钢笔表现技法中最常用形式如图5.6所示。

图5.5 天井院落（张峰）

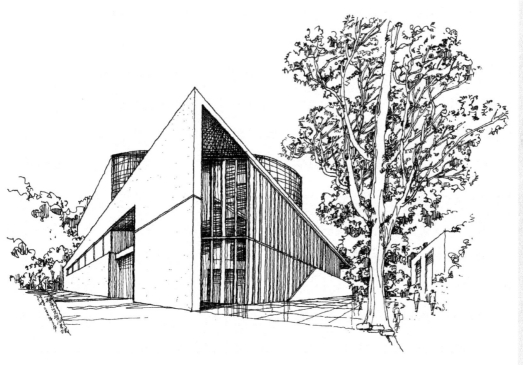

图5.6 某教学楼建筑表现（张峰）

5.2.3 细节处理

1. 细部造型

钢笔表现画面若只有潇洒的线条和大块面的形,没有细节的刻画,也不能诠释设计思想,画面也不厚实耐看。其细部造型处理除了要画出其二维关系外,也要画出细节及其物体厚度,这样才能表达出表现对象的造型及其结构如图5.7所示。

2. 材质感表现

对于不同的建筑构造与材料质感的表现,钢笔线条都应有相应的用笔与组织方式,如墙面、石块、草地、水面和地毯等,均可用形式多样的线条组合与排列形式,将它们的材料质感充分地表现。根据材质的光洁、毛糙、软硬等不同特征,以及不同的表现对象采用不同的表现技法。而材质的表现技法也不是一成不变的,要因物而宜,分析特征寻找最合适的表现手段如图5.7所示。

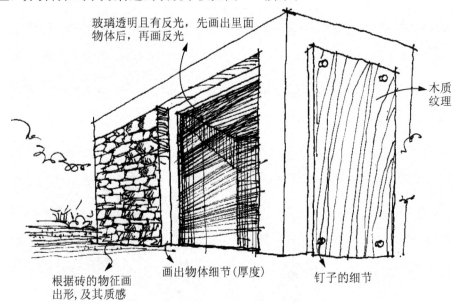

图 5.7 物质细节表现

5.3 钢笔表现画绘图步骤与范例

5.3.1 钢笔表现画绘图步骤

钢笔表现画绘图步骤主要可以从以下几个步骤进行。

1. 勾画大体轮廓

画钢笔表现画时,可先用铅笔并借助尺类工具将表现物体轮廓勾画出来,在进行画面构图布局时,还要仔细地观察与分析,并明确其表现对象的比例关系与透视关系。

2. 从整体到局部逐步深入

在勾画大体轮廓的基础上,用钢笔徒手线条将所需表现的对象及环境整体绘制出来,并逐层深入。在此过程中要注意线条的运用与组织,把握线条的轻重缓急、前后穿插、转折等关系。

3. 局部刻画

根据局部细节的形态特点和其材质感,仔细观察与分析,运用最合适的表现方法刻画细节。并比较近、中、远景景物的色调差异,准确选择合适的线条和笔触。在刻画细部时要考虑其与整体的关系,以便于画面整体关系的把握,使画面整体之中有深入细致的刻画内容。

4. 画面整体调整

完成局部刻画后,要对整个画面进行调整与处理,使各个局部之间的关系相互协调。对画面的黑白关系加以强调,调整画面线条的疏密组织关系,使画面生动且富有节奏感。

5.3.2 钢笔表现画范例

钢笔表现如图 5.8~图 5.11 所示。

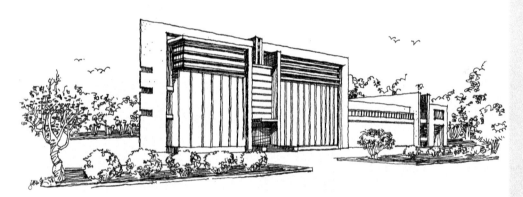

图 5.8　某办公楼建筑设计钢笔表现画(1)(张峰)

图 5.9　某别墅建筑设计钢笔表现画(张峰)

图 5.10 某办公楼建筑设计钢笔表现画（2）（张峰）

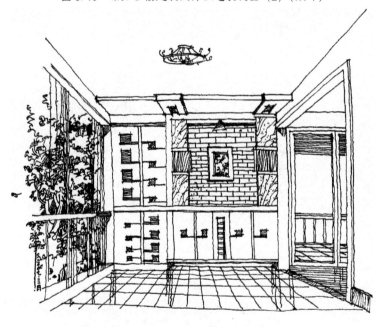

图 5.11 家居入户空间设计钢笔表现画（张峰）

本章小结

本章讲解了钢笔建筑画表现技法要素，重点介绍线条组织、细节处理、材质感处理等知识。线条的组织要注意线条的性格把握与线的疏密互衬，细节处理要表达出物体造型的构造细节，且不同材料质感有不同的表现方法。绘制钢笔画应从整体到局部逐步深入，然后再细部刻画，且注重线条的流畅运笔。并通过相应的范画图例，使学生掌握钢笔建筑表现画的画法。

习题

1. 根据钢笔建筑表现技法要素，临摹钢笔建筑表现画作品，初步掌握钢笔表现技法要素。
2. 根据建筑和室内装修成果照片整理成钢笔表现画，进一步掌握钢笔表现技法要素。
3. 写生建筑实体或室内环境，以钢笔建筑表现画形式表现，从真实环境、构造细节、材料质感、建筑色彩等方面，去体会钢笔建筑表现画。
4. 根据设计图纸，以钢笔建筑表现画形式画出其效果图。

第6章　马克笔与彩色铅笔表现技法

教学目标

了解马克笔和彩色铅笔的性质和作用，掌握马克笔和彩色铅笔基本上色方法，熟练运用马克笔和彩色铅笔进行空间色调、色彩质感、色彩体积和色彩气氛的快速表现。

教学要求

知识要点	能力要求	相关知识	所占分值（100分）	自评分数
马克笔的分类和使用方法	掌握马克笔的分类和使用方法	掌握油性、水性、酒精马克笔的使用方法	10	
马克笔使用方法	1. 了解马克笔特性 2. 掌握马克笔线条和笔触表现	掌握马克笔的线条和笔触的表现方法	10	
马克笔材质表现	掌握不同物体的材质表现	掌握玻璃、金属、石材、木材等不同材质表现	10	
马克笔的综合运用	熟练掌握用马克笔绘制单体家具、植物、人物、车、石头、水景、室内空间和室外空间等	掌握用马克笔绘制单体家具、植物、人物、车、石头、水景、室内空间和室外空间等	20	
彩色铅笔的使用方法	1. 了解彩色铅笔特性 2. 掌握彩色铅笔线条和笔触表现	掌握彩色铅笔的线条和笔触的表现方法	10	
彩色铅笔材质表现	掌握不同物体的材质表现	掌握玻璃、金属、石材、木材等不同材质表现	10	
彩色铅笔的综合运用	熟练掌握用彩色铅笔绘制单体家具、植物、人物、车、石头、水景、室内空间和室外空间等	掌握彩色铅笔绘制单体家具、植物、人物、车、石头、水景、室内空间和室外空间等	20	
综合运用马克笔和彩色铅笔绘图	熟练掌握马克笔和彩色铅笔表现技法，能综合两种技法进行绘图	掌握马克笔和彩色铅笔表现技法，能综合两种技法进行绘图	10	

章节导读

马克笔和彩色铅笔是画手绘表现图的重要工具,马克笔和彩色铅笔可以绘制快速的草图来帮助设计师分析方案。也可以深入细致地刻画,形成表现力极为丰富的效果图。同时也可以结合其他工具,如水彩、水粉、喷笔等工具,或者计算机后期处理相结合,形成更好的效果。

我们学习的马克笔和彩色铅笔表现是要通过系统的学习,去了解工具的特性和使用方法、材质表现,以及室内空间和室外场景表现。

6.1 马克笔表现

引 例

19世纪60年代,马克笔被首次推出。马克笔的名字取自英文"MARKER"(记号)的音译,所以也称马克笔。最开始马克笔由一些小玻璃瓶组成,瓶盖上以螺丝固定钻头笔尖,名为"魔力马克笔",主要是包装工人、伐木工人画记号时使用(至今在很多场合依然还担负着"记号笔"的功能),颜色的种类也较少。后来,马克笔凭借其独特的魅力在世界各地普及,并逐渐发展成为一种绘画工具,并形成一种独立的表现形式。

马克笔的形状及性能与儿童所用的水彩笔相近,所以也有人称其为管状水彩笔。它进入我国迄今为止也就只有20多年左右的时间。近年来随着我国建筑(景观、室内)、工业、服装等设计行业的迅速发展,它作为表达设计意图的绘图工具已经被广泛地运用。

马克笔的用途及其特点是什么?

6.1.1 马克笔的分类

根据马克笔笔芯中颜料特性的不同,可将其分为油性、酒精和水性。

1. 油性马克笔

油性马克笔如图6.1所示。它主要成分有甲苯和三甲苯组成。味道刺鼻、蒸发性强。使用过程中,需要养成良好的习惯,使用完毕及时盖好笔帽以减少马克笔填充剂的挥发,从而延长马克笔的使用寿命。其特点为笔触极易融合,渗透性强,色彩均匀,干燥速度快,耐水性较强,但是,在使用中含有较重的气味。

2. 水性马克笔

水性马克笔如图6.2和图6.3所示。其性能与水彩颜料相近,颜色亮丽、透明感好，具有较强的表现力。作画时一般由浅入深，由远及近，颜色不宜过多涂改、叠加，否则会导致色彩浑浊、肮脏。与水彩画不同的是，马克笔一般均由局部出发，逐渐到整个画面，而水彩则是由整体到局部。

图 6.1　油性马克笔

图 6.2　水性马克笔（1）

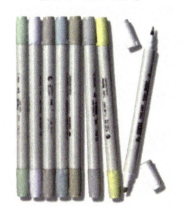

图 6.3　水性马克笔（2）

3．酒精马克笔

在不同性质的马克笔中，酒精马克笔如图 6.4 所示。现在使用它的人群最多，最为常见。酒精马克笔采用酒精性墨水，散发的气味较清淡，速干防水，透明度极高，笔触衔接、叠加较为柔和，使用效果接近于油性。

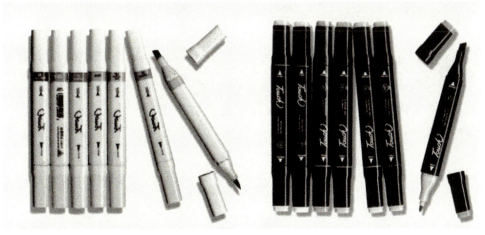

图 6.4　酒精马克笔

> **观察思考**
>
> 油性马克笔、水性马克笔、酒精马克笔有什么区别？

6.1.2 马克笔的笔触

用马克笔画建筑表现画要注重运笔，也就是笔触。笔触的作用很重要，是绘制者对画面的概括；它既有形式的，也有内容的。

马克笔常因色彩艳丽、笔触生硬使初学者难以灵活运用。笔的熟练运用及对线条、笔触的合理利用和安排，对马克笔表现物体起到事半功倍的效果。

马克笔拥有各种粗细不等的笔头，加上用笔力度的轻重变化，可绘出不同效果的线条、笔触。马克笔的笔触常见的有：平滑直线、短笔触、曲线和自由线等。

根据不同的内容灵活选用不同的表现形式。

1. 快速平滑线

线条直且具有速度感，肯定流畅，多用于快速画法中表现物体界面明暗和色彩的过渡关系如图 6.5 所示。常以宽线条和细线条相结合，穿插进行。此类线条传达出清晰明了的视觉效果，画面爽快大方，具有一定的视觉张力。

2. 短笔触

运笔缓慢有力，笔触较短如图 6.6 所示。通常以成组排笔的方式塑造物体，或用于强调物体的明暗交界处，是较为常用的一种笔触。

3. 曲线

用于表现曲线形态的建筑构件、家具和植物等，线条富有动感，流畅而且富于变化如图 6.7 所示。应注意方向的转换承接，使曲线不至于单一。

4. 自由线

用笔自由、随意，是马克笔线条、笔触运用到一定熟练程度的结果如图 6.8 所示。不受固定规律限制，多用于快速表现画法，须具备较好的画面控制能力方可运用。但在一般情况下自由线在画面中不应出现太多，或者"自由"中还需带有一定的次序性，否则容易导致画面散乱。

图 6.5　快速平滑线

图 6.6　短笔触

图 6.7　曲线

图 6.8　自由线

6.1.3　马克笔上色步骤

步骤一：画线稿如图 6.9 所示。

（1）画好透视，并初步用钢笔线条表现大体明暗关系。

（2）运用不同性格的线条表现物体，可以在画线时注意用笔的节奏，如要强调起笔、运笔、顿笔。这样画出来的线条会使画面生动。

图6.9 室内设计表现（1）（华中师范大学武汉传媒学院 涂银芳）

步骤二：画出中性色块，表现出空间大块明暗及透视感如图6.10所示。
(1) 将木质色块连同地面快速铺满，画出空间及物体的受光面与背光面的关系。
(2) 可以将相近的颜色一并铺满，触感要秩序排列。

图6.10 室内设计表现（2）（华中师范大学武汉传媒学院 涂银芳）

步骤三：选择一种色彩对比关系确定画面大体色调，可以简单地用大笔触带过如图 6.11 所示。

图 6.11　室内设计表现（3）（华中师范大学武汉传媒学院　涂银芳）

步骤四：运用色彩面积位置形式经营法则逐层深入。将介面的暗部大面积上色，可先上一层较浅的底色，然后逐步加重暗部，并画出暗部层次，如图 6.12 和图 6.13 所示。

图 6.12　室内设计表现（4）（华中师范大学武汉传媒学院　涂银芳）

图 6.13　室内设计表现（5）（华中师范大学武汉传媒学院　涂银芳）

步骤五：整体调整，用小块色刻画家具细节，丰富画面色彩效果。加强光影效果与投影，增强对比度如图 6.14 所示。

图 6.14　室内设计表现（6）（华中师范大学武汉传媒学院　涂银芳）

6.1.4 马克笔的综合运用

1. 单体物表现

单体物表现如图 6.15 和图 6.16 所示。

图 6.15 马克笔表现配景（1）（湖北城市建设职业技术学院 汪帆）

图 6.16 马克笔表现配景（2）（湖北城市建设职业技术学院 汪帆）

观察思考

不同材质的物体其表现手法有何不同？

2. 平面图表现

平面图表现如图6.17所示

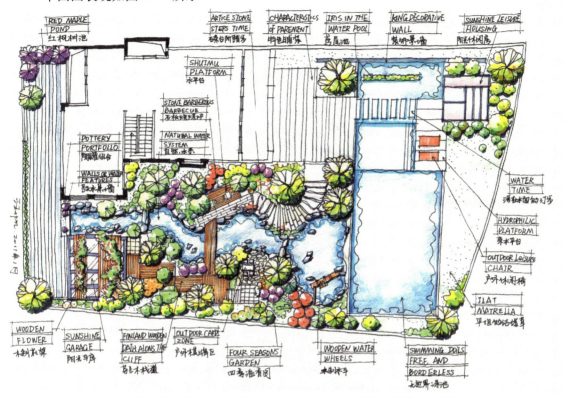

图6.17 马克笔表现平图表现（湖北城市建设职业技术学院 汪帆）

3. 立面图表现

立面图表现如图6.18所示。

图6.18 马克笔表现立面图表现（湖北城市建设职业技术学院 汪帆）

4. 室内效果图表现

室内效果图表现如图 6.19 所示。

图 6.19 马克笔表现室内效果图表现（湖北城市建设职业技术学院 汪帆）

5. 景观效果图表现

景观效果图表现如图 6.20 所示。

图 6.20 马克笔表现景观效果表现（湖北城市建设职业技术学院 汪帆）

> 观察思考

用马克笔表现室内和室外各有什么区别？色彩选择上分别要注意什么原则？

6.2 彩色铅笔表现

彩色铅笔是建筑表现图中常用的表现工具，其特点和铅笔相当，表现的效果、笔触有着铅笔的优点，可以依据对象的形状、质地等特征有规律地组织、排列彩色铅笔的线条，同时彩色铅笔运用方便快捷。

6.2.1 彩色铅笔的分类

彩色铅笔是在线描的基础上进行上色的，以便使人们更直观地了解到建筑的色调、材质。彩色铅笔的色彩种类较多，且色彩淡雅、对比柔和。一般表现画分为硬质彩色铅笔如图 6.21 所示和软质彩色铅笔如图 6.22 所示两种。硬质彩色铅笔比较适合画线条。软质彩色铅笔可以溶水进行渲染。并容易上色，效果较好。

图 6.21　硬质彩色铅笔

图 6.22　软质彩色铅笔

6.2.2 彩色铅笔的笔触

彩色铅笔的笔触如图 6.23 所示。

1. 平涂排线法

运用彩色铅笔均匀秩序的排列出铅笔线条，达到色彩整体的效果。

2. 叠彩法

运用彩色铅笔排列出不同色彩的铅笔线条，色彩可以重叠使用，变化较丰富。

图 6.23 彩色铅笔的笔触

6.2.3 彩色铅笔的上色步骤

步骤一：用钢笔线条勾画出透视图，运用两点透视（或其他透视）的方法表现形体如图 6.24 所示。

图 6.24 室内设计表现（1）（湖北城市建设职业技术学院 汪帆）

步骤二：从整体着色，铺垫空间物体的主色调如图 6.25 所示。

图 6.25 室内设计表现（2）（湖北城市建设职业技术学院 汪帆）

步骤三：逐层深入刻画，着色空间物体的暗部如图6.26所示。

图6.26 室内设计表现（3）（湖北城市建设职业技术学院 汪帆）

步骤四：根据画面效果调整明暗对比，并着色细节刻画如图6.27所示。

图6.27 室内设计表现（4）（湖北城市建设职业技术学院 汪帆）

6.2.4 彩色铅笔的综合运用

1. 单体物的表现

单体物的表现如图 6.28 所示。

图 6.28 彩色铅笔表现配景（湖北城市建设职业技术学院 汪帆）

2. 室内效果图的表现

室内效果图表现如图 6.29 所示。

图6.29 室内效果图的表现（湖北城市建设职业技术学院 汪帆）

3. 室外效果图的表现

室外效果图表现如图6.30和图6.31所示。

图6.30 室外效果图的表现（湖北城市建设职业技术学院 汪帆）

图 6.31　室外效果图的民居表现（湖北城市建设职业技术学院　汪帆）

观察思考

室内彩色铅笔表现和室外彩色铅笔表现有什么区别，色彩选择上分别要注意什么原则？

6.3　马克笔和彩色铅笔综合表现

6.3.1　马克笔和彩色铅笔综合表现方法

当前运用最普遍的是综合马克笔和彩色铅笔技法来快速表现设计构思，在钢笔线稿的基础上先用马克笔画出大体色块后，再逐步深入。因为马克笔和彩色铅笔在笔头有软硬粗细之分，根据画面物体表现需要选择合适的表现手段来刻画细节，一般先用马克笔画大调和深入刻画，再用彩色铅笔细节刻画如图 6.32 和图 6.33 所示。

快速表现往往根据设计构思来确定表现手段，获得不同的画面效果。技法并无特定法则，只要适合表达设计思想，快速便捷，体现工作高效性和低碳性，都可以尝试。

图6.32 马克笔与彩色铅笔综合表现（1）（张峰）

图6.33 马克笔与彩色铅笔综合表现（2）（张峰）

6.3.2 马克笔和彩色铅笔综合表现画范例

建筑设计马克笔和彩色铅笔综合表现如图6.34～6.39所示。

图 6.34 马克笔与彩色铅笔综合表现（1）（张峰）

图 6.35 马克笔与彩色铅笔综合表现（2）（张峰）

图6.36 马克笔与彩色铅笔综合表现（3）（张峰）

图6.37 马克笔与彩色铅笔综合表现（4）（张峰）

图 6.38 马克笔与彩色铅笔综合表现（5）（张峰）

图 6.39 马克笔与彩色铅笔综合表现（6）（张峰）

本章小结

本章讲解了马克笔表现和彩色铅笔表现的方法,马克笔和彩色铅笔结合是当前建筑表现运用非常普遍表现形式。重点介绍马克笔和彩色铅笔的作画步骤,绘制时先把握大色调对比关系,再细部刻画,同时运用面积、位置、形式的经营来处理画面。并通过单体物、室内空间效果图和室外空间效果图图例,使学生掌握马克笔和彩色铅笔的表现技法。

习题

根据客厅平面图如图6.40所示。运用一点透视的方法绘制一张客厅效果图,并综合运用马克笔和彩色铅笔进行上色。

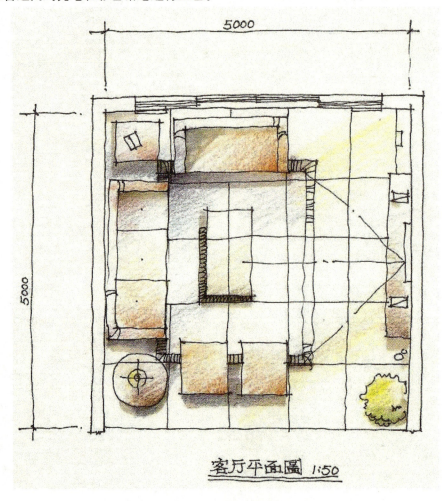

图6.40 客厅平面图

第7章 建筑快速表现画赏析

本章收集了编者很多年在设计工作中绘制的钢笔画手稿,内容包括建筑设计表现图、室内设计表现图和景园透视的随笔,都以快速表现形式传达设计构思。画面注重形体塑造和细节刻画及其所处环境和氛围的描述。以便提供给学生作范画临摹和参考之用。

7.1 建筑篇

建筑篇展示了一些中小型建筑设计钢笔表现图例,主要描绘了建筑体量与造型,建筑与道路及所处环境等关系。绘制建筑建筑设计表现图要领会建筑方案设计思想,才能准确表达出其设计构思。首先根据画面构图需要确定好视平线和灭点,在透视准确的前提下组织好画面的主景与配景的关系。然后布局好画面图形元素的前、中、后及左、中、右的秩序,处理好左右起伏和纵深错落的变化,以"框"、"破"、"藏"等手段处理好细节。通过潇洒流畅的线条表达出建筑的形态、构造细节、所处环境等方面的设计思想,如图7.1～图7.16所示。

图 7.1 别墅建筑设计表现（1）（张峰）

　　这幅建筑手绘表现图构图完整，视觉中心突出，主次分明。其中，对建筑刻画较深入，画面的虚实关系也处理得当。

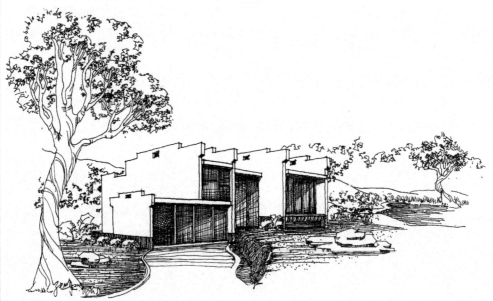

图 7.2 别墅建筑设计表现（2）（张峰）

　　这幅建筑手绘表现图主次分明，黑白对比强烈，突出了建筑与环境的关系，画面中的远景也有层次。

图 7.3　别墅建筑设计表现（3）（张峰）

> **画评**
>
> 　　这幅建筑手绘表现图构图主次分明，以前景角树为配景以"框"的手段突出了画面主体。

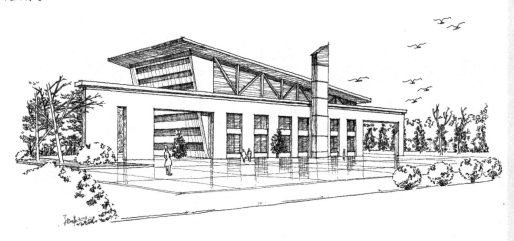

图 7.4　大学生活动中心建筑设计表现（张峰）

> **画评**
>
> 　　这幅建筑手绘表现图以建筑为主景刻画深入，配景中树的表现形式丰富，以简练的造型呼应了主体，突出画面意境。

图 7.5　别墅建筑设计表现（4）（张峰）

　　这幅建筑手绘表现图配景包含山、水、树、石头等，前后左右层次分明，内容丰富，烘托画面意境，突出设计思想。

图 7.6　中式别墅建筑设计表现（张峰）

　　这幅建筑手绘表现图以茂密树木、山、水、石等配景衬托主体，烘托画面意境，突出表现建筑环境。

图 7.7 中式别墅建筑天井院表现（张峰）

画评

这幅室内建筑手绘表现图以线的疏密互相衬托表现天井，聚集画面视觉中心。

图 7.8 别墅建筑设计表现（5）（张峰）

画评

这幅建筑手绘表现图以茂密树林、山、景等烘托主体，突出环境，画面意境安详宁静。

图7.9　天井院落建筑设计鸟瞰表现（张峰）

画评

　　这幅建筑手绘表现图线条潇洒流畅，疏密互衬，主次分明，突出表现建筑主体及环境。

图7.10　天井院落建筑设计西面透视（张峰）

画评

　　这幅建筑手绘表现图构图完整，主景配景相互呼应，层次分明，右边的角树为近景使视觉中心突出。

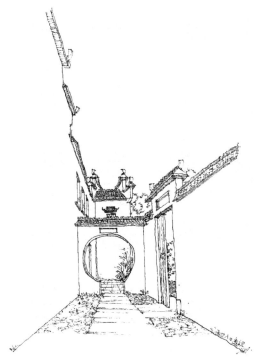

图 7.11　天井院落建筑入口设计表现（张峰）

画评

这幅建筑手绘表现图构图完整，线条简练，疏密互衬，视觉中心突出，充分表现了建筑院落的环境与画面意境。

图 7.12　天井院落建筑天井院落表现（张峰）

画评

这幅建筑手绘表现图构图完整，透视严谨，细部刻画深入，较好地传达了设计构思。

图 7.13 售楼部建筑设计表现（张峰）

　　这幅建筑手绘表现图通过对配景中的树木、地面详细的刻画，突出了建筑主体，使画面丰富。

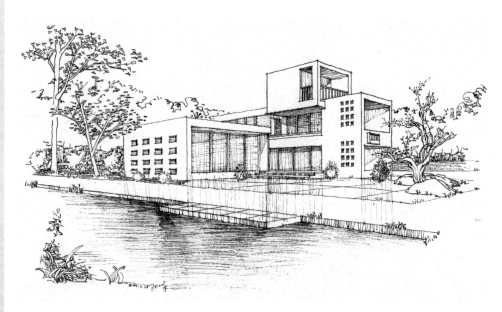

图 7.14 滨水建筑设计表现（张峰）

　　这幅建筑手绘表现图通过对建筑和水面的详细刻画，以及配景前后左右的巧妙布局，使画面层次丰富，突出建筑所处环境氛围，较好表达了设计思想。

图 7.15 公寓楼建筑设计表现（张峰）

画评

这幅建筑手绘表现图构图完整，透视严谨，建筑主体刻画深入，画面简洁，突出了主景。

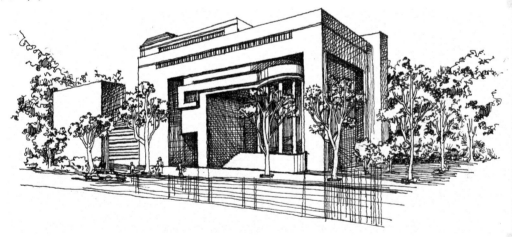

图 7.16 办公楼建筑设计表现（张峰）

画评

这幅建筑手绘表现图构图完整，画面线面结合，视觉中心突出。

7.2 室内篇

室内篇中的室内设计钢笔表现图例主要表达空间的特性，界面的造型及其材质等设计构思。绘制室内设计表现图要领会其方案设计思想，才能准确表达出其设计构思。首先根据画面构图需要确定好视平线和灭点，选择合适的视点；其次处理好顶、墙、地等界面的造型与材质等要点，把握好空间虚实，家具与陈设描述；最后通过潇洒流畅的线条表达出空间的形态、界面构造细节和环境关系等设计思想如图7.17～图7.37所示。

图7.17　中厅室内设计表现（张峰）

　　这幅室内手绘表现图视点合适，界面造型表达完整，突出空间氛围。

图7.18　家居室内设计表现（1）（张峰）

　　这幅室内手绘表现图透视严谨，界面造型刻画深入，空间氛围表达准确。

图7.19 家居室内设计表现（2）（张峰）

这幅室内手绘表现图画面轻松，空间层次与氛围表达准确。

图7.20 家居室内设计表现（3）（张峰）

这幅室内手绘表现图线条疏密互衬，将外部环境引入室内，烘托了空间氛围。

图 7.21 家居室内设计表现（4）（张峰）

这幅室内手绘表现图线条疏密互衬，通过对外部环境的刻画来表达空间氛围。

图 7.22 家居室内设计表现（5）（张峰）

这幅室内手绘表现图透视严谨，界面造型刻画深入，视觉中心突出。

图 7.23　家居室内设计表现（6）（张峰）

> **画评**
>
> 　　这幅室内手绘表现图通过两边植物使画面视觉中心集中，界面造型刻画深入，空间氛围表达准确。

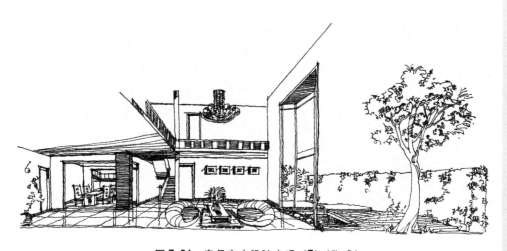

图 7.24　家居室内设计表现（7）（张峰）

> **画评**
>
> 　　这幅室内手绘表现图通过外部环境的描述来烘托室内环境，较好的表达设计构思。

图 7.25　家居室内设计表现（8）（张峰）

画评

　　这幅室内手绘表现图线条轻松，室内陈设刻画深入，空间氛围表达准确。

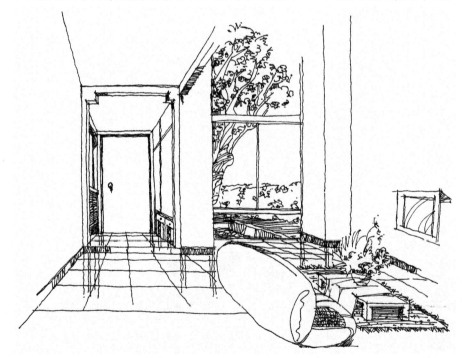

图 7.26　家居室内设计表现（9）（张峰）

画评

　　这幅室内手绘表现图画面简洁，主要通过对外部环境的刻画及室内环境的留白，形成疏密对比，烘托了空间氛围。

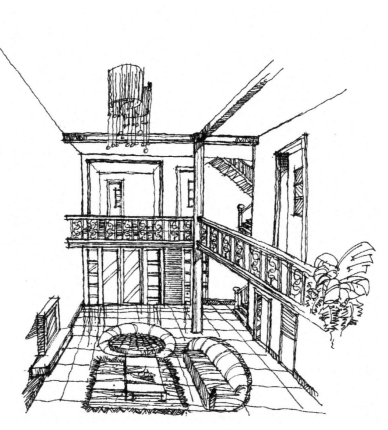

图 7.27 家居室内设计表现（10）（张峰）

画评

这幅室内手绘表现图画面轻松，线条疏密互衬并形成节奏感，视觉中心突出，室内界面刻画完整，空间环境整体感强。

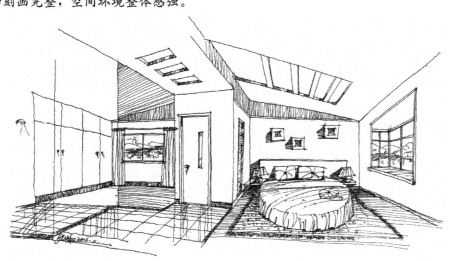

图 7.28 家居室内设计表现（11）（张峰）

画评

这幅室内手绘表现图线条疏密互衬，层次丰富，画面节奏感强。

图7.29 家居室内设计表现（12）（张峰）

　　这幅室内手绘表现图通过植物和外部环境的刻画，使画面视觉中心突出，空间氛围表达准确。

图7.30 家居室内设计表现（13）（张峰）

　　这幅室内手绘表现图画面线条疏密对比强烈，空间环境表达准确。

图7.31 家居室内设计表现（14）（张峰）

画评

这幅室内手绘表现图透视严谨，界面造型刻画深入，空间氛围表达准确。

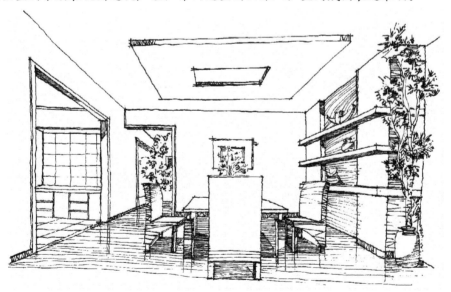

图7.32 家居室内设计表现（15）（张峰）

画评

这幅室内手绘表现图画面简洁，通过线条疏密互衬来刻画界面造型。

图7.33 家居室内设计表现（16）（张峰）

　　这幅室内手绘表现图画面轻松，弧形沙发留白为画面增添趣味。

图7.34 某大厅室内设计表现（张峰）

　　这幅室内手绘表现图透视准确，线条刻画界面造型严谨，视觉中心突出，画面完整，空间氛围表达准确。

图 7.35 家居室内设计表现（17）（张峰）

画评

这幅室内手绘表现图线条疏密对比强烈，室内界面造型刻画深入，画面视觉中心集中，很好表达设计构思。

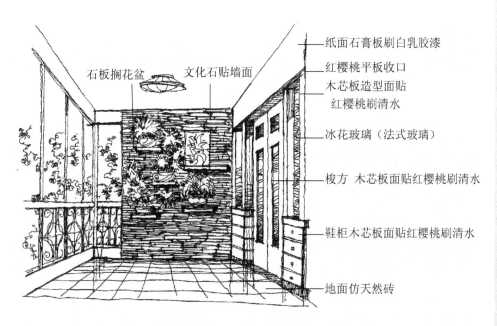

入户花园透视图

图 7.36 家居入户花园设计表现（张峰）

画评

这幅室内手绘表现图视觉中心集中，界面造型细节刻画深入，配合文字来表达设计思想。

图 7.37 家居室内设计表现（18）（张峰）

这幅室内手绘表现图构图简洁，界面造型刻画深入，画面视觉中心集中。

7.3 景园篇

  景园设计表现图主要表达环境、空间、形态、植物等设计构思。画好景园表现图要有较强的线条表现能力，并且要透视准确、比例合适、景观元素搭配和表现技法得当，以及空间层次丰富。注意画面近景、中景和远景的画面层次组织，处理好左右关系，以及起伏变化和纵深关系的相互错落。景园透视中尤其要画好植物，植物的表现直接影响到画面效果，要注意植物的形态和动态的相互呼应。在景园表现图中常有建筑、道路、石头、流水等元素，要与植物相配合组成画面，形成画面的"硬景"与"软景"，使画面有虚实、疏密及节奏感，从而使画面丰富生动如图7.38～图7.52所示。

图 7.38 景园透视表现随笔（1）（张峰）

画评

这幅景园手绘表现图画面轻松，线条流畅，视觉中心集中在中景，画面层次丰富，曲线小路使画面富于趣味。

图 7.39 景园透视表现随笔（2）（张峰）

画评

这幅景园手绘表现图线条疏密互衬，纵深关系相互错落掩映，使画面富于变化。

图 7.40 景园透视表现随笔（3）（张峰）

画评

这幅景园手绘表现图画面近景、中景、远景层次丰富，画面植物形态富于变化，线条流畅，空间整体感强。

图 7.41 景园透视表现随笔（4）（张峰）

> **画评**
>
> 这幅景园手绘表现图以形态各异的植物和建筑小品组成，画面层次感丰富。

图 7.42 景园透视表现随笔（5）（张峰）

> **画评**
>
> 这幅景园手绘表现图以建筑为背景衬托前景的树，植物形态相互呼应，层次丰富，画面整体感强。

图 7.43 景园透视表现随笔（6）（张峰）

画评

　　这幅景园手绘表现图画面轻松，线条流畅，形态相互呼应的植物使画面富于趣味。

图 7.44 景园透视表现随笔（7）（张峰）

画评

　　这幅景园手绘表现图画面轻松，线条流畅，植物、道路、水景有序排列，画面虚实处理得当，植物表现别具一格。

图 7.45 景园透视表现随笔（8）（张峰）

画 评

这幅景园手绘表现图以小径为主线贯穿整幅画面，层次丰富且富于变化，使画面具有节奏感。

图 7.46 景园透视表现随笔（9）（张峰）

画 评

这幅景园手绘表现图画面轻松，线条流畅，植物形态富于变化，表现别具一格画面富于趣味。

图 7.47 景园透视表现随笔（10）（张峰）

画 评

这幅景园手绘表现图用笔简练，主要突出前景、中景、远景的层次关系，画面构图左右起伏变化使画面丰富。

图 7.48 景园透视表现随笔（11）（张峰）

画 评

这幅景园手绘表现图以树为主景，用线流畅肯定，以小路为主线，贯穿画面，让画面增添趣味。

图7.49 景园透视表现随笔（12）（张峰）

这幅景园手绘表现图主要描述植物，画面层次清晰丰富，线条疏密互衬，使画面具有节奏感。

图7.50 景园透视表现随笔（13）（张峰）

这幅景园手绘表现图以树为主景，树的形态婆娑多姿，线条穿插变化丰富，让画面主次分明。

图 7.51 景园透视表现随笔（14）（张峰）

画评

这幅景园手绘表现图画面简练，以密集的线条表现植物，衬托出留白的道路，使画面层次分明且丰富。

图 7.52 景园透视表现随笔（15）（张峰）

画评

这幅景园手绘表现图前景、中景、近景层次分明，左右关系起伏变化，增添画面趣味感。

参 考 文 献

[1]王光峰,徐银芳.室内设计手绘技法[M].成都:西南交通大学出版社,2010.
[2]辛艺峰.建筑绘画表现技法[M].天津:天津大学出版社,2001.
[3]夏克梁.麦克笔建筑表现与探析[M].南京:东南大学出版社,2010.
[4]谢尘.室内设计手绘效果图步骤详解[M].武汉:湖北美术出版社,2006.